T5-AFO-299

파란하늘 빨간지구

파란하늘 빨간지구

기후변화와 인류세, 지구시스템에 관한 통합적 논의

초판 1쇄 펴낸날 2019년 3월 29일
초판 14쇄 펴낸날 2021년 4월 2일
지은이 조천호
펴낸이 한성봉
편집 안상준 · 하명성 · 이동현 · 조유나 · 박민지 · 최창문 · 김학제
디자인 전혜진 · 김현중
마케팅 이한주 · 박신용 · 강은혜
기획홍보 박연준
경영지원 국지연 · 지성실
펴낸곳 도서출판 동아시아
등록 1998년 3월 5일 제1998-000243호
주소 서울시 중구 퇴계로30길 15-8 [필동1가 26] 2층
페이스북 www.facebook.com/dongasiabooks
전자우편 dongasiabook@naver.com
블로그 blog.naver.com/dongasiabook
인스타그램 www.instagram.com/dongasiabook
전화 02) 757-9724, 5
팩스 02) 757-9726
ISBN 978-89-6262-271-3 03450

이 도서의 국립중앙도서관 출판예정도서목록(CIP)은
서지정보유통지원시스템 홈페이지(http://seoji.nl.go.kr)와
국가자료공동목록시스템(http://www.nl.go.kr/kolisnet)에서
이용하실 수 있습니다.(CIP제어번호: CIP2019009820)

만든 사람들

책임편집 하명성
크로스교열 안상준
디자인 전혜진
본문 조판 김경주

이 책의 내지는 친환경 재생종이를 사용하였습니다.

파란하늘 빨간지구

RED EARTH BLUE SKY

조천호 지음

기후변화와 인류세,

지구 시스템에 관한 통합적 논의

동아시아

이 그림은 국립기상과학원에서 만든 것으로,
온실가스를 전혀 저감하지 않은 경우
2100년의 지구 기온을 예측하고 있다.

차례

2장 변화, 미래의 유일한 상수는 기후변화

3장 위기, 파국은 한순간에 찾아온다

4장 먼지, 있어야 할 먼지, 골칫거리 먼지

5장 대응, 기후변화 시대에 생존하기 위해

6장 예측, 알 수 없는 미래마저 준비해야 하기에

인간에게 알맞은 기후 환경은 우주의 역사가 우연의 누적을 거쳐 선사한 것이다. 거대한 비선형 복잡계인 지구시스템이 찾아낸 아슬아슬한 평형 조건이라 할 수도 있으리라. 하지만 화석연료를 바탕으로 한 현대 문명은 산업혁명 이후 전례 없는 규모로 이산화탄소를 배출하며 지구의 온도를 높여왔다. 기후변화는 이산화탄소 같은 온실가스의 단순한 양적 변동이 아니다. 임계점에 이르면 질적인 변화로 이어져, 인류가 더는 생존할 수 없게 될지도 모를 일이기 때문이다. 지금 우린 그런 임계점을 향해 가고 있다. 녹아내리는 빙하와 극한 날씨 등이 바로 그 징후다.

대기과학자 조천호는 풍부한 자료와 단단한 논거로 기후변화가 당면한 문제임을 분명하게 드러낸다. 더불어 과학이 무엇이고 어떠해야 하는지 치열하게 고민한다. 독자들은 그에게서 더 나은 과학과 더 나은 세상을 함께 추구하는, 합리적이고 성찰적인 과학자의 전형을 엿볼 수 있을 것이다. 글쓴이는 또 기후변화가 사회 정의와 윤리의 문제임을 명확히 한다. 원인 제공자와 피해자가 다르기 때문이다. 공간적으로도 그렇고 시간적으로도 그렇다. 이웃의 고통과 미래세대의 생존에 관심을 두지 않는다면 어떻게 우리가 윤리적 존재일 수 있겠는가? 지구에 사는 모든 이에게 이 책을 권한다.

고려대학교 전기전자공학부 교수,
변화를 꿈꾸는 과학기술인 네트워크(ESC) 초대 대표
윤태웅

들어가는 말

빨간 지구에서 파란 하늘을 꿈꾸다

젊었던 어느 날 남도의 시골길을 걷다가 가을걷이가 끝난 황토밭을 보았습니다. '빨간' 흙에서 뿜어 나오는 강렬한 빛깔에 잠시 머물렀습니다. 피 울음의 우리 역사이지만, 그래도 무너지지 않고 끝끝내 우리로 살아온 삶의 처절함과 끈기가 느껴졌습니다. 저도 그리 살고 싶었습니다.

함께 사는 여인이 소녀였을 때, 그녀는 대학 입학 원서를 사러 가는 길에 약국 안을 유심히 보기도 하고 치과 의원 안의 모습을 상상하기도 했습니다. 약대는 가족이 바랐던 길이고, 치대는 담임 선생님이 권했던 길이었습니다. 그러나 다시 하늘을 우러러보았습니다. 원래부터 '파란' 하늘을 좋아했기에 거기에 자신의 인생을 걸기로 했습니다.

이런 까닭으로 이 책에 '파란하늘 빨간지구'라는 제목을 달았습니다. 그리고 빨간 지구에서 파란 하늘을 꿈꾸었던 글을 담았습니다.

지구에 미치는 인간의 영향력이 자연의 거대한 힘과 겨룰 정도가 되는 인류세에 들어섰습니다. 인류세에서 물질적 진보는 세상을 더 문명화된 곳으로 만드는 데 기여했습니다. 하지만 이로 인해 기후변화에 시달리는 지구에서는 무질서와 불확실성으로 과거에서 미래를 이어주던 끈이 닳아 없어져가고 있습니다. 이제 과거는 미래의 안내자가 되어주지 못합니다. 우리가 유한한 세계를 무한한 세계처럼 살아서 생긴 일입니다. 다시 말해 우리가 존재하는 방식 때문에 우리는 엄청난 위협을 마주하고 있습니다.

세계는 과거부터 인류가 선택한 것들이 축적되어 만들어졌습니다. 마찬가지로 미래 세계 역시 이 순간부터 우리가 선택하는 것들이 축적되어 이루어질 것입니다. 그렇다면 "미래는 어떻게 될까?"라고 질문할 것이 아니라 "미래를 어떻게 만들고 싶은가?"라고 자문해야 합니다.

기후변화는 우리가 어떻게 살아야 할지를 이야기해줍니다. 기후변화는 식량과 물, 에너지, 환경, 보건 등 사회 기반 체계에 커다란 변화를 일으키기 때문입니다. 인간은 지구를 바꿀 정도로 강력해졌지만 자신이 가진 힘을 스스로 제어하는 게 쉽지는 않아 보입니다. 결국 앞으로 기후변화의 위기가 다른 문제를 모두 합한 것보다 더 큰 골칫거리가 될 것입니다. 이런 상황에서 우리가 살고 싶은 세상은 기후변화에 대한 성찰이 이끌게 될 것입니다.

기후변화 지식은 축적될수록 위기의 순간에 사회적 합의를 이끌어내고, 불확실한 미래를 헤쳐 나갈 수 있는 깊이 있는 통찰력을 제공할 수 있습니다. 또한 이를 공감하고 공유하면 우리가 살고 싶은 세상을 만들 수 있는 힘을 가지게 될 것입니다. 번잡하게 흩어진 앎의 조각들을 모으고 겨우 연결하여 만든 이 책에 그러한 소망을 담았습니다. 이 책을 통해 저의 앎이 조금 더 단순하고도 단단해졌습니다. 앎과 함께 삶도 더욱더 그렇게 되고 싶습니다.

2016년 어느 날 '과학책을 읽는 보통 사람들' 식사 모임에서였습니다. 조현욱 선배님께서 저의 기후 이야기를 듣고 이를 글로 써야 한다고 말씀하셨습니다. 이것이 실마리가 되어 《중앙선데이》, 《한겨레》 인터넷판, 《경향신문》, 아시아태평양이론물리센터의 《크로스로드》 웹진에 글을 연재하게 되었습니다. 이 글들을 모아 덜어내고 채워 넣고 다듬었습니다. 한성봉 사장님께서 저의 생각을 세상에 드러낼 기회를 마련해주셨고, 하명성 님께서는 정성을 다해 편집해 주셨습니다.

제 모든 글의 첫 번째 독자이자 파란 하늘을 꿈꾸는 전영신이 내용을 함께 고민해주었습니다. 영범과 서림도 제 글에 솔직한 의견을 보태주었습니다. 아버지께서는 제 글을 흐뭇하게 읽어주셨고, 지금도 데이터와 방정식으로 공부하시는 모습은 저에게 삶이 어떠해야 하는지를 거대한 묵직함으로 알려주십니다. 끝으로 자신의 가슴으로 저를 끌어안아주셨던 그리운 어머니를 그려봅니다.

한라산 남쪽 고근산 아래서

범섬을 바라보며

2019년 3월

조천호 씀

1장

기후,
생명의 탄생에서
인류세까지

인간에게 알맞은 기후는 우연히 출현했다

과학자는 달 탐사를 해야 하는 명분의 하나로 원시 지구가 남긴 흔적을 조사해야 한다는 점을 내세운다. 지구는 파란만장하게 변화해서, 원시 지구에 있던 것이 거의 남아 있지 않지만, 태양계의 다른 행성이나 달은 40억 년 전부터 지금까지 거의 변하지 않았기 때문이다. 지구에서는 생명이 탄생하고 번성했지만, 변화가 없던 다른 행성에서는 생명이 탄생하지 않았다. 지구는 여타 행성과 무엇이 달라서 변화가 일어났을까? 그것은 바로 '우연'이다.

태양계는 은하수의 알맞은 위치에 자리를 잡았다. 만일 태양계가 은하수의 중심에 가까웠다면 초대형 블랙홀이 내뿜는 가공할 복사에너지 때문에 초토화되었을 것이다. 또한 태양계는 생명에 필요한 원소들이 모두 만들어진 후에 탄생했다. 탄생 직후 금성, 지구, 화성은 대기 구성이 비슷했다. 금성은 지금도 이산화탄소를 그대로 가지고 있어 대기압이 지구보다 90배가량 높다. 반면 지구 대기는 계속 줄어들어 질소 0.8기압에 산소 0.2기압을 더해 1기압밖에 되지 않는다. 화성의 대기 압력은 지구의 170분의 1에 불과하다.

금성은 지구와 태양 사이 4분의 3에 해당하는 거리에 있어 태양에너지를 지구보다 약 두 배나 더 받는다. 이것이 물의 존재 여부를 갈랐다. 금성은 대기 온도가 물이 끓는 온도보다 높아 액체 상태의 물이 생길 수 없었다. 또한 원시 금성에 있던 수증기는 강한 태양 자외선 때문에 산소와 수소로 분해되었다. 가벼운 수소는 우주로 날아갔고 산소는 암석을 산화시키는 데 사용되었다. 결국 금성에서는 물이 만들어질 수 없었다.

현재 금성이 지구보다 기온이 높은 것은 태양에 더 가깝기 때문이 아니다. 금성을 완전히 뒤덮고 있는 황산 구름이 지상으로 들어오는 햇빛을 거의 차단하고 있어 금성은 지구보다 더 추워야 한다. 하지만 금성 대기는 98퍼센트가 이산화탄소로 이루어져 구름을 뚫고 지상에 도달하는 적은 양의 태양열이 다시 빠져나갈 수가 없기 때문에 기온이 높다.

화성은 질량이 지구의 10분의 1에 불과하므로 중력이 약해 대부분 기체가 우주로 달아나버렸다. 태양과의 거리가 지구보다 1.2배 이상 멀면, 태양열이 약해 물이 액체 상태로 있을 수 없다. 그런데 화성은 지구보다 1.5배 먼 곳에 있다. 화성에 물이 남아 있다면 모두 얼음일 것이다.

우연하게도 원시 지구는 태양과 적당한 거리에 위치해서 물을 보존할 수 있었다. 하지만 처음에는 물이 수증기 상태로만 존재했다. 원시 지구에 소행성이 충돌해 고온이 발생하는 일이 없어지자 수증기가 응결되기 시작했다. 대기 중 수증기가 비로 내려 바다가 생겼다.

이때 지구 대기 중 이산화탄소는 약 60기압에 달했다. 오늘날 공기 중 이산화탄소가 0.0004기압에 불과해도 온실효과 때문에 기온이 올라간다고 난리다. 그런데 그 15만 배의 이산화탄소가 공기 중에 있으면 기온이 엄청나게 높아진다. 게다가 60기압은 해수면 아래로 600미터쯤 내려간 곳의 수압과 같아 대부분의 생명체가 견딜 수 없는 압력이다.

고온으로 증발할 위기에 처해 있던 바다는 자기 자신의 힘으로 살아남았다. 이산화탄소가 바다에 흡수되었기 때문이었다. 대기 중 이산화탄소 농도가 낮아져 기온이 내려가니 수증기가 더 많이 응결되어 비의 양도 많아졌다. 물이 많아지니 이산화탄소가 더 많이 녹아 기온은 더 내려갔다.

하지만 바다가 이산화탄소를 수용하는 데는 한계가 있다. 아직 10기압에 달하는 이산화탄소가 공기 중에 남아 있었다. 공기 중 이산화탄소가 바다에 더 녹으려면 이미 바다에 녹아 있던 탄소 성분이 제거되어야 했다.

이 위기는 지구의 '판 구조' 덕분에 벗어났다. 지구는 다른 행성처럼 껍데기 하나로 둘러싸여 있지 않고 여러 조각의 판으로 이루어졌다. 이 판들의 갈라진 틈에서 맨틀의 칼슘과 마그네슘이 흘러나

왔다. 바닷물에 녹은 탄소는 이들과 결합해서 탄산칼슘과 탄산마그네슘이 되었다. 해저에 퇴적된 탄산칼슘과 탄산마그네슘은 당시 만들어지기 시작하던 대륙의 재료로 쓰였다. 이 과정에서 바닷물 속 탄소 농도가 낮아져 바다가 공기 중 이산화탄소를 더 많이 흡수할 수 있었다.

지금도 지구와 금성은 거의 같은 크기에 같은 양의 탄소를 포함하고 있다. 그런데 지구 탄소는 변화 과정을 통해 대부분이 땅속에 저장됐지만, 금성 탄소는 원시 그대로 대부분이 대기 중에 있다. 이로 인해 금성의 지상 온도는 무려 섭씨 477도에 이르지만, 지구 온도는 15도다.

무기 호흡에 의존했던 단순 원시 생명체가 고등생물로 진화하려면 산소가 필요했다. 그리고 태양으로부터 지상에 도달하는 자외선이 너무 강해 육상의 어떤 생물체도 오랫동안 생존할 수 없었다.

약 35억 년 전에 엽록소를 가지고 광합성을 하는 세균인 남세균(시아노박테리아)이 지구상에 출현했다. 수억 년에 걸쳐 남세균이 대기 중 이산화탄소를 흡수해 산소로 바꾸었다. 이때 만들어진 산소가 다시 수소와 결합해 물이 되었다. 이처럼 공기 중에 산소가 있으면 자외선으로 쪼개진 수소가 지구 중력 밖으로 달아나기 전에 붙잡아 지구의 물이 손실되지 않는다.

오존은 산소 세 개가 결합한 분자인데, 높은 고도에서 태양 자외선을 흡수하면 산소 분자와 산소 라디칼로 쪼개진다. 이때 생성된 산소 라디칼은 매우 불안정해서 주위의 다른 산소 분자를 만나면 즉시 달라붙어 오존으로 되돌아간다. 그러고 나서 다시 자외선을 흡수하면 또 쪼개지는 연쇄 반응이 반복된다. 이 과정에서 결국 오존은 자외선 대부분을 흡수하는 것이다. 이로 인해 지상까지 도달하던 자외선이 크게 줄어들었다. 5억 8,000만 년 전인 고생대에 이르자 오존량이 오늘날과 거의 같아져 식물이 육상으로 진출할 수 있었다.

또한 고도 30~50킬로미터 영역에서 산소는 태양 자외선을 흡수해 많은 열을 발생한다. 이 열로 인해 대류권 바로 위에 성층권이 만들어졌다. 성층권은 매우 안정되어서 공기가 우주로 빠져나가지 못하도록 붙잡아두었다. 커다란 구름이 위로 치솟아 금방이라도 우주로 달아나버릴 것 같지만, 실제로는 대류권이 성층권이라는 투명한 유리 뚜껑에 덮여 있는 것과 마찬가지다.

우리는 살아가기에 적합한 환경이 먼저 조성되어야 그곳에서 생명체가 살 수 있다고 생각한다. 하지만 지구가 겪어온 과정을 보면 남세균처럼 생명체가 직접 적합한 환경을 만들어내기도 한다. 즉, 생명체와 환경이 함께 진화하는 것이다. 그러므로 지구환경이 지속할 수 있으려면 그 안에 사는 생명체도 건강해야 한다. 아무리 하찮아 보이는 생명체라도 함부로 다루어서는 안 되는 이유가 여기에 있다.

탄생한 생명체가 번성하려면 기후가 안정되어야 했다. 달이 그 역할을 했다. 화성과 비슷한 크기의 원시 행성이 원시 지구와 크게 충돌했으며, 그 과정에서 달이 만들어졌다. 달이 세차운동이라고 부르는 지구 자전축의 흔들림을 안정시켰다. 혼자 뱅글뱅글 도는 사람이 있고 손잡고 함께 도는 사람이 있을 때, 둘 중 누가 더 안정적일까? 달과 지구가 그런 셈이다. 만일 달이 없었다면, 지구 자전축의 변화가 지금보다 더 커서 날씨 변화가 극심했을 것이다. 극심하게 변하는 기후에서는 인류 문명이 탄생하기 어려웠을 것이다.

또한 달은 하루를 정하는 데도 큰 역할을 했다. 원시 지구의 자전 주기는 6시간 정도였는데 달의 영향으로 서서히 느려져서 24시간이 되었다. 달이 없었다면 지구의 하루는 8시간 정도일 것이다. 8시간마다 하루가 바뀐다면 오늘날과는 다른 기후가 된다. 이런 조건에서는 생물도 다른 형태로 진화했을 것이므로 오늘날 인류는 지구에 없을 수도 있다.

대충돌이 지구 자전축을 기울어지게 만들었고, 그 덕분에 계절이 생겼다. 지구 자전축이 기울어지지 않고 공전 면과 수직이라면 지구 어디서든 밤낮 길이는 12시간으로 똑같다. 그랬다면 계절 변화가 없었을 것이고, 적도 지역은 더 뜨겁고 북극과 남극 지역은 더 추운 기후가 되었을 것이다. 자전축이 지금보다 더 기울어졌다면, 적도 부근을 제외한 대부분의 지역이 지금보다 심한 계절 변동을 겪을 것이다. 중위도에서 봄과 가을은 거의 없어지고 길고 극심한 여름과 겨울만이 있었을 것이다.

오늘날의 지구환경은 앞서 살펴본 바와 같이 연속적으로 여러 우연이 누적된 지구 변화의 결과다. 그러나 모든 우연이 이처럼 생명력 있는 역동적인 세계를 만들어내는 건 아니다. 주사위를 던졌을 때 나오는 숫자는 우연이지만, 여러 번 던지면 우연의 영향이 서로 상쇄된다. 따라서 특정한 숫자가 나오는 빈도는 6분의 1로 수렴하는 기댓값을 가진다. 이처럼 필연이 지배하는 세계는 우연이 수없이 일어난다 해도 새로운 세계를 만들지 못한다. 그것은 열역학 제2법칙이 보여주듯 균일성으로 쇠퇴하는 세계다.

그런데 지구 대기의 변화처럼 우연의 영향이 서로 상쇄되는 것이 아니라 강화되는 경우도 있다. 우연은 다음 우연의 출발점이 되어 마지막까지 그 추이를 결정한다. 이 경우 우연이란 자연법칙 내에서 발생하는 수많은 가능성 가운데 하나일 뿐이다. 이 우연이 연속적인 각 과정에서 누적되어 오늘날의 지구 대기를 만들었다.

138억 년 전 빅뱅 그 순간 인간이 탄생할 확률은 거의 0이었다. 그동안 우주와 태양계에 변화가 일어났고, 특히 지구는 다른 행성에 비해 극심한 변화를 겪었다. 이 변화 과정에서 인류 생존에 필요한 우연들이 일어났다. 이 우연 가운데 하나라도 없었더라면 인류 탄생은 불가능했을 것이다. 우리는 필연적으로 생명체의 최정점에 오른 위대한 존재가 아니다. 우연히 적합한 기후가 출현했고, 생명의 나무가 분화되는 과정에서 우연히 우리가 자연선택을 받았을 뿐이다.

적합한 기후의 출현은 우연이었지만, 우리 생존에는 필연이다.

이제 인간이 기후에 영향을 미칠 수 있게 되었다. 인간이 의도하지 않은 이 우연이 지구를 파국으로 몰아갈 수도 있다. 인간의 신통함은 이 우연을 안다는 데 있고, 인간의 위대함은 이 우연을 다루는 데 비로소 발휘될 수 있을 것이다.

과거는 미래의 안내자가 되어주지 못할 수 있다

많은 사람은 숨 쉬는 공기, 마시는 물, 먹는 식량이 이대로 지속할 것이라 생각한다. 그런데 지구환경은 경험이나 직관과는 달리, 대부분 안정되지 않았다. 특히 기후는 우리가 상상하는 것보다 훨씬 큰 변화를 겪어왔으며, 인간 활동으로 인해 더욱더 큰 변화를 겪게 될 것이다.

기후를 대표하는 지상 기온은 선택하는 시간 규모에 따라 경향과 주기가 다르게 나타난다. 기온이 지난 100년 동안 뚜렷하게 상승했지만 지난 1만 2,000년 동안은 일정했고, 지난 275만 년 동안은 빙하기와 간빙기가 교대로 출현했다. 바닷속 다양한 동물이 폭발적으로 증가했던 약 5억 4,000만 년 전 고생대 이후 대부분의 기간이 지금보다 따뜻했다.

6,500만 년 전 멕시코 유카탄반도에 소행성이 충돌해 대기에 엄청난 양의 먼지가 배출되어 햇빛을 가렸다. 이 급격한 변화 때문에 온도 조절 능력이 부족한 공룡이 멸종했다. 수천 년 후 직접적인

충돌 영향이 진정되자 온난화가 발생했다. 중생대가 끝나고 신생대에 진입한 것이었다.

5,500만 년 전 시베리아에서 메탄이 대규모로 배출되어 기후가 뜨거워졌다. 이후에는 여러 변동을 겪는 과정에서도 지구 기온이 점차 낮아졌다. 약 5,000만 년 전 히말라야와 티베트고원이 융기하여 암석의 침식과 풍화 작용 때문에 대기 중 이산화탄소가 감소한 결과였다.

빙하는 신생대에 들어와서 생기기 시작했다. 빙하가 생성되는 데는 대륙 이동이 중요한 역할을 했다. 지구는 2억 년 전부터 하나의 대륙에서 쪼개지기 시작했다. 3,500만 년 전에 남극 대륙이 분리되었다. 이때 남극 대륙 주변을 둘러싸는 강한 해류가 발달해 열대의 따뜻한 바닷물이 남극으로 흘러들지 못했다. 이로 인해 남극 대륙에 지금과 같은 빙하가 생기기 시작했다.

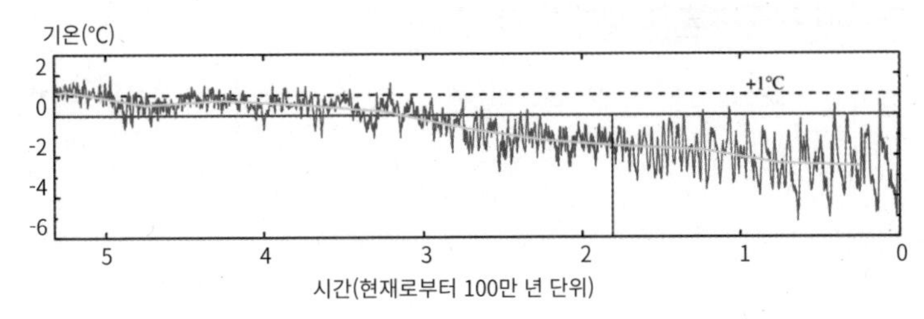

산업혁명 이전을 기준으로 한 지난 500만 년 동안의 지구 평균 기온편차. 이 기간 산업혁명 이전의 기온보다 2도 이상 상승한 적이 없다. 지난 300만 년 동안 지속해서 기온이 하강하고 기온 변동이 커졌다. 최근에 가까이 올수록 빙하기와 간빙기가 뚜렷하게 나타난다. 출처: Hasen & Sato, 2012

이산화탄소 농도가 계속해서 낮아져 지구는 냉각되었다. 고기후 관측에서, 지난 500만 년 동안 지구의 평균기온은 산업혁명 바로 이전보다 섭씨 2도 이상 따뜻해본 적이 없다. 즉, 인류는 2도 이상 온난화된 상태에서 생존해본 경험이 없는 것이다.

300만 년 전 대서양 열대 해류가 멕시코 만류를 통해 북극 쪽으로 흐르게 되었다. 수증기를 많이 포함한 대서양 해류는 북극 지방에 눈을 많이 내리게 했다. 이 때문에 북반구에 오늘날과 같은 빙하가 생성되었다. 이후 빙하가 팽창과 후퇴를 주기적으로 반복하는 기후로 바뀌었다. 이런 전환이 일어나기 직전 대기 중 이산화탄소 농도가 현재 수준인 400ppm까지 낮아졌다.

빙하기와 간빙기 간의 주기는 밀루틴 밀란코비치Milutin Milanković가 밝힌 세 가지 천문학적 요인으로 설명할 수 있다. 첫 번째는 약 10만 년을 주기로 원형에서 타원 형태로 변하는 지구 공전 궤도 모양의 변화, 즉 이심률 변화다. 두 번째는 팽이 축이 기울어져 도는 것처럼 지구 자전축 방향이 약 2만 6,000년을 주기로 기울어져 회전하는 세차운동이다. 이심률과 세차운동은 지구와 태양 사이의 거리에 변화를 일으켜 지구가 받는 태양에너지가 변하도록 한다. 세 번째로 4만 1,000년을 주기로 21.5도에서 24.5도까지 변하는 지구 자전축 기울기다. 자전축 기울기가 변화되면 위도에 따라 입사되는 햇빛 방향이 달라진다. 이 때문에 지표에 도달한 태양에너지의 전체 크기는 변화하지 않지만 분포는 달라진다.

이심률, 세차운동, 자전축 기울기의 세 주기는 서로 얽혀 작용하면서 서로를 증폭시키기도 하고 상쇄시키기도 한다. 이에 따라 빙하기 주기는 275만 년과 90만 년 전 사이에는 4만 1,000년 주기로 반복됐는데, 주기가 2만 2,000년일 때도 있었다. 기후가 지속해서 냉각되는 추세였으므로 약 90만 년 전부터는 여름이 되어도 빙하가 녹지 않아 계속 축적되었다. 이렇게 해서 90만 년 전부터는 10만 년 주기로 바뀌었고 50만 년 전부터는 그 주기가 더욱더 뚜렷해졌다.

해양 침적물과 빙하 분석에서도 천문학적인 세 가지 요인이 빙하기와 간빙기를 제어하는 것을 확인할 수 있다. 놀랍게도 천체역학이 고기후 자료들의 변동을 설명할 수 있다는 것이다. 그렇다고 해서 천문학적인 요인이 빙하기와 간빙기 간의 기후변동을 설명하는 유일한 원인은 아니다.

천문학적 요인은 기후변동을 일으키는 방아쇠 역할을 할 뿐이었다. 지구에는 변화가 일어났을 때, 자체적으로 제동기나 가속기 역할을 할 수 있는 음의 되먹임feedback과 양의 되먹임이 작용한다. 음의 되먹임은 변화를 제자리로 돌아오게 하지만, 양의 되먹임은 변화를 더욱 증폭시킨다.

빙하기와 간빙기의 시작 시점에는 천문학적 요인 때문에, 기온이 하강하면 더욱 하강하게 하고 기온이 상승하면 더욱 상승하게 하는 양의 되먹임이 작용한다. 이때 중요한 것은 여름철 북반구 고위도 지역에 입사되는 햇빛 세기다. 즉, 빙하기는 추운 겨울이 아니라 여름에 시작된다.

천문학적 요인 때문에 여름철 햇빛 세기가 약해지면, 고위도 지방에서 다른 계절에 내린 눈이 여름에도 녹지 않고 쌓이게 된다. 점점 쌓인 눈의 무게로 인한 압력으로 눈은 얼음으로 바뀐다. 이렇게 성장한 빙하는 그 바닥에서 압력이 커져 녹기 시작한다. 바닥에서 녹은 물은 윤활유 역할을 해서 빙하가 지표를 따라 미끄러져 서서히 확장된다. 일단 빙하가 확장하면 지표면에서 햇빛 반사도가 높아져 흡수되는 햇빛이 더욱 줄어든다. 이에 따라 기온은 더 낮아지고 빙하는 더 성장한다.

빙하기가 가속화되는 또 다른 되먹임이 있다. 기온이 낮아지면 이산화탄소가 해양에 더 많이 흡수되어 대기 중 이산화탄소 농도가 낮아진다. 마치 탄산음료의 온도가 낮을수록 이산화탄소를 더 많이 녹일 수 있는 것과 같다. 낮아진 이산화탄소로 기온이 더욱 낮아져 빙하기 진입이 가속화된다.

빙하기보다 간빙기가 시작할 때 더욱더 빠르게 기온이 변화된다. 대륙 위의 빙하는 천천히 형성되어 빙하기에 도달하는 데 수만 년이 걸린다. 매년 쌓이는 눈이 빙하가 성장하는 유일한 원인이므로 빙하 성장률에는 물리적인 한계가 있다. 반면 빙하기가 간빙기로 바뀌는 데는 1만 년 정도가 걸릴 뿐이다. 빙하 융해율에는 빙하 성장률과는 달리 매년 제한되는 한계가 없다.

간빙기로 진입할 때는 빙하기와 반대되는 되먹임뿐 아니라 그

외 여러 양의 되먹임들이 작용한다. 예를 들어 빙하가 녹아 해수면이 상승하면 상대적으로 따뜻한 바닷물이 빙하를 깨뜨려 빙하가 빨리 줄어든다. 입안에서 사탕을 깨뜨리면 빨리 녹는 것과 같은 이치다. 빙하가 녹은 자리에서는 이전 간빙기 동안 자랐던 식생이 남긴 토양 탄소가 배출되어 이산화탄소 농도를 상승시킨다.

빙하기와 간빙기의 주기적 변화는 어떤 한계 이상을 벗어나지 않는 지구의 자기 조절 리듬을 보여준다. 오늘날 빙하는 지구 육지 면적의 약 10퍼센트를 뒤덮고 있는데, 빙하기에는 약 25퍼센트를 덮었다. 빙하기에는 유라시아와 북미대륙 북부의 빙하 두께가 2~3킬로미터에 달했다.

빙하기와 간빙기가 교대로 일어나면, 지금은 간빙기라도 결국에는 빙하기로 들어설 수밖에 없는 것이 지구의 운명이다. 그렇다면 다음 빙하기는 언제쯤 찾아올 것인가? 다음 빙하기는 인류 때문에 오지 못할 가능성이 높다. 왜냐하면 인간 활동으로 배출된 이산화탄소가 기온을 상승시켜 빙하기로 진입하는 것을 막게 될 가능성이 크기 때문이다.

남극 빙하에서 산출한, 지난 80만 년 동안의 대기 중 이산화탄소 농도는 180~280ppm 사이에서 증가하거나 감소해왔다(이는 공기 분자 100만 개 중 이산화탄소 분자가 180개에서 280개 정도 있었음을 뜻한다). 인류가 화석연료를 전혀 태우지 않았다고 가정한 경우, 천문학적인 요인 때문에 현재 이산화탄소 농도는 240ppm으로 낮아진다.

즉, 이 농도 이하에서만 천문학적인 요인이 빙하기로 갈 수 있는 방아쇠 역할을 할 수 있는데, 현재 이산화탄소 농도는 이미 405ppm을 넘어버렸다.

2만 년 전에서 1만 년 전까지 대기 중에 약 100ppm의 이산화탄소가 상승하면서 10만 년 가까이 이어지던 마지막 빙하기가 끝났다. 그 후 산업혁명이 시작된 1750년대까지 대기 중 이산화탄소 농도는 280ppm을 유지했다. 하지만 인간이 화석연료를 사용하면서 대기 중 이산화탄소 농도가 300년도 안 되는 사이에 125ppm이나 급격하게 증가되었다. 이는 오늘날 인간이 지구에 미치는 영향이 어느 정도인지를 명백하게 보여준다.

이산화탄소 농도 상승으로 지난 100년 동안 지구 평균기온이 약 1도 상승했다. 반면, 과거 빙하기에서 간빙기로 변화되는 약 1만 년 동안 기온이 약 4~5도 상승했고 이것은 자연적으로 가장 빠른 온난화 속도다. 인간에 의한 온난화 속도는 이보다 약 20~25배 빠르다. 이것은 마치 우리가 시속 100킬로미터로 고속도로를 달리는데, 갑자기 차가 이상해져 시속 2,000킬로미터 이상으로 질주하게 되는 것과 비슷한 상황이다. 이는 지구가 지속할 수 있는 상태가 아니다.

우리가 기후변화를 막지 않는다면, 인류는 전인미답前人未踏의 새로운 기후에서 생존해야 하므로, 과거는 미래의 안내자가 되어주지 못할 것이다.

인류 문명은 안정된 기후에 의존하고 있다

지금의 우리와 해부학적으로 같은 호모사피엔스는 약 20만 년 전에 지구상에 등장했다. 그런데 인류는 이보다 훨씬 짧은 약 1만 년 전에야 농업을 시작했고, 7,000년 전에야 문명을 탄생시켰다. 인류가 오랫동안 문명을 탄생시키지 못한 이유는 무엇일까?

그린란드 빙하로부터 산출된 지난 10만 년 동안의 기온 변화에서 그 해답을 찾을 수 있다. 이 기간의 대부분을 차지하는 빙하기에는 북반구 고위도 지역까지 빙하가 확장되었다. 기온이 낮아 해양에서 증발되는 수증기의 양이 적어 지금보다 사막이 넓었다. 또한 열대와 고위도 지역 간의 기온 차가 커서 바람이 몹시 강했다. 이는 그린란드 빙하에 포함된 먼지가 현재보다 빙하기에 20~25배 많았기 때문에 알 수 있다.

빙하기에 우리 조상들은 오늘날의 극한 날씨보다 더 변덕스럽고 혹독한 기후에 맞서야 했다. 이런 기후에서는 농업을 할 수 없었으므로 사냥꾼이자 채집자로서의 삶을 영위할 수밖에 없었다. 예를

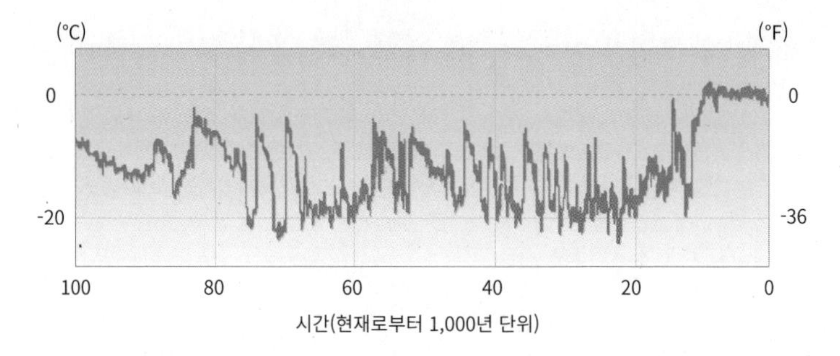

그린란드의 빙하에서 산출한 지난 10만 년 동안의 기온. 산업혁명 이전 상태를 0도로 설정했다. 기온은 10만 년 전부터 1만 2,000년 전까지 크게 요동치다가 최근 매우 평온해졌다. 출처: Arctic Climate Impact Assessment

들어 태풍이 매년 한 번 정도 한반도를 지나간다면, 피해를 복구해서 추수를 할 수 있다. 그런데 태풍이 매년 여러 번 휩쓸고 지나가면 복구가 의미 없으므로 농업을 포기해야 할 것이다.

7만 3,500년 전에 인도네시아 토바 화산이 폭발했다. 이는 최근 가장 강력했던 1991년 필리핀 피나투보 화산 폭발보다 2,800배 더 강력했다. 컴퓨터로 시뮬레이션한 결과, 화산 폭발 때 발생한 에어로졸이 햇빛을 가려 지구 평균 기온을 무려 12도나 떨어뜨렸다. 그 당시 인류는 심각한 위기에 몰려 멸종에 가깝게 갔었음을 DNA 분석으로 확인할 수 있다. 당시 살아남은 사람들은 다른 지역에 비해 삶의 조건이 나았던 에티오피아 북부 고원에 몰려 있었다.

인류는 7만 년 전 아프리카를 벗어나 새로운 삶을 찾아나섰다. 인류 여정의 시작은 빙하시대가 열어준 길을 따라 진행되었다. 우리 조상은 아라비아반도를 거쳐 주로 아시아 해안을 따라가는 남쪽 경로를 택했다. 5만 년 전에 아시아와 호주에 도달했고, 약 3만 년 전에는 시베리아 동북부에 이르렀다. 빙하기 말기인 2만 년 전, 빙하 규모가 절정에 이르렀다. 그 당시 해수면은 오늘날보다 120미터나 아래에 있어서 아시아와 북미 대륙이 붙어 있었다. 이 연결로를 따라 1만 5,000년 전에 북미 대륙에 인류가 걸어서 처음 이주했다. 이처럼 인류는 세계 곳곳으로 이주하면서 극한 기후 조건에 내성을 가지게 되었다. 지구상 그 어떤 기후에서도 살아남을 수 있게 된 것이다.

2만 년 전부터는 기후가 따뜻해지면서 빙하가 후퇴했다. 마침내 1만 2,000년 전에 빙하기를 뒤로하고, 현재의 따뜻한 간빙기인 홀로세Holocene에 들어섰다. 홀로세는 인류가 자연과 조화로운 '완전한 시대'라는 뜻이다. 그전보다 기후변동성이 매우 작은 안정한 시기였다. 이때 구석기에서 신석기로의 전환이 일어났다.

홀로세에서 인류는 계절에 따른 식량 생산 과정을 전망할 수 있어 작물을 경작했고, 이에 따라 한곳에 정착할 수 있었다. 지난해 곡물에서 채집한 씨앗을 바로 먹지 않고 다음 해 식량을 위해 저장했을 때부터 인류는 새로운 세계로 진입한 것이다. 씨앗을 심은 땅에 다른 사람이 침입하는 것을 막기 위해 사회 조직이 필요했다. 땅을 측정하기 위해 수학이 발달했고, 땅의 권리를 문서로 남기려고 문자가 발명되었으며, 땅을 지키려고 군대를 조직했다. 하지만 문명은 홀로세에 들어선 후 약 5,000년을 더 기다렸다가 탄생했다. 왜 그래야 했을까?

2만 년 전부터 빙하기에서 간빙기로 변화하면서, 빙하가 녹아 해수면 높이는 빠르게 상승했다. 해수면 상승 속도는 가장 빠를 때 100년에 2.5미터에 달할 정도였다. 1만 2,000년 전부터는 기온이 안정되었지만, 그 후 5,000년 동안에도 해수면 고도는 100년에 약 1미터씩 상승했다. 빙하가 대기보다 외부 변화에 느리게 반응하기 때문이다. 비로소 7,000년 전에 해수면 상승이 멈췄고 세계지도가 오늘날 우리가 보는 것과 같은 모습을 띠게 되었다.

인류 문명은 해수면 상승이 일단락된 이후인 7,000년 전 메소포타미아에서 처음 등장했고, 이어 이집트, 인더스, 황허로 이어졌

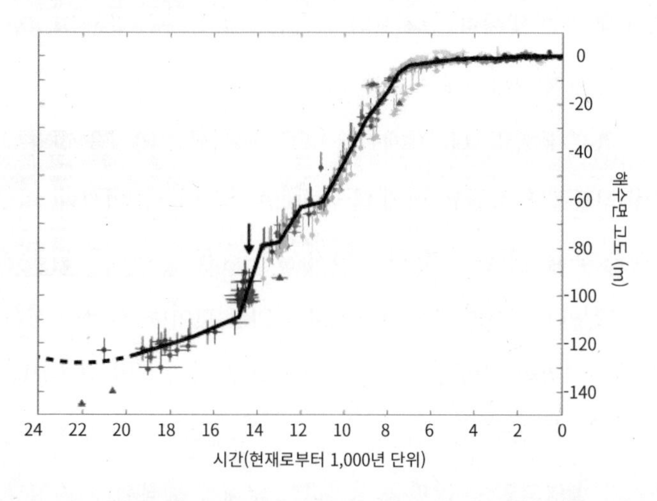

세계 각지의 지질 기록을 바탕으로 복원한 과거 2만 년 동안의 해수면 고도의 변화. 현재를 0미터로 설정했다. 빙하기 말기 빙하가 가장 크게 확장되었을 때, 해수면 고도가 지금보다 약 120미터 낮았다. 이후 간빙기로 진행하면서 빙하가 녹아 해수면이 상승했다. 약 7,000년 전부터 오늘날의 해수면 고도로 안정화되었다. 출처: https://en.wikipedia.org/wiki/Past_sea_level

다. 4대 고대문명의 공통점은 큰 강 하구 주변의 비옥한 퇴적층에서 탄생했다는 점이다. 문명이 발생하려면 여러 일에 종사하는 많은 사람을 먹여 살릴 정도로 식량을 생산할 능력이 있어야 한다. 해수면이 높아지는 상황에서는 강 하구에서 대규모로 농업을 유지하는 것이 불가능했다. 아무리 훌륭한 도시를 만들어도 시간이 흐르면 내륙쪽으로 이전해야 했을 것이다. 도시를 옮기려면 엄청난 노동력이 필요하고, 그만큼 문명을 유지하고 발전시킬 에너지를 헛되이 소비해야 한다. 이런 이유로 4대 고대문명은 해수면 높이가 안정화된 이후에야 탄생할 수 있었다.

홀로세에서도 지역적으로 건조해진 지역에서 문명이 약화되거나 소멸하기도 했지만, 기후가 더 안정적으로 바뀐 지역은 문명에 이롭게 작용했다. 기원전 400년경부터 서기 200년경까지 기후가 비교적 온화하고 안정적이었던 시기를 기후 최적기climate optimum라고 한다. 이때 가장 크고 강력한 두 왕국이 번성했다. 유럽의 로마와 아시아의 한나라다. 그 전까지는 그렇게 대규모로 밭을 갈고, 그렇게 많은 양의 곡식을 재배하고, 그렇게 많은 가축을 길러본 적이 없었다. 이후 안정적이었던 기후가 변화의 조짐을 보이면서 제국의 힘도 함께 약화되었다.

로마는 특정 야만족의 한 차례 침공으로 붕괴하지 않았다. 야만족은 문명을 선망했기 때문만이 아니라 심각한 가뭄 때문에 로마 제국의 중심부를 침략하고 그곳으로 이주하려 했다. 이것이 이미 여러 위협에 직면한 로마 제국을 한층 더 불안정하게 만들었고, 결국 로마는 무너졌다. 로마 말기부터 유럽 인구가 급감해서 서기 1000년경에 약 3,000만 명 정도였는데, 1340년에는 7,000만~8,000만 명으로 두 배 이상 증가했다. 이때가 중세 온난기Medieval Warm Period였다.

기후 조건은 중국과 북방 유목 부족 사이에 벌어진 갈등에도 영향을 주었다. 춥고 건조한 기간에는 유목 부족이 중국 평야 지대 중심부를 향해 세력을 확장해 원나라와 청나라를 세우기도 했다. 기후가 좋지 않아 농업 생산력이 하락해 중국의 힘이 약해지거나, 북쪽 목초지가 줄어들면 유목민이 중국을 침공한 것이다. 반면에 기후가 따뜻해지면 주로 농사를 지으며 사는 중국 한족 세력이 북쪽 지역이나, 때에 따라서는 서쪽 지역으로 팽창했다.

일반적으로 목축을 하는 유목민들은 조직력과 무기를 다루는 솜씨가 뛰어나다. 그런 경험을 토대로 그들은 한족 농경민을 쉽게 제압했다. 하지만 한 마리 가축에서는 1년에 기껏해야 한두 마리 또는 서너 마리 새끼를 얻지만, 한 알의 씨앗에서는 70알에 가까운 보리 또는 그 이상의 쌀이 나온다. 홀로세가 농업을 가능하게 했고 기후가 더 적합하면 더욱더 풍부한 수확을 얻을 수 있었다. 그래서 중국 역사는 한족 농경민과 북방 유목민이 서로 대립하는 형국이었지만, 주도권은 늘 한족 농경민에게 있었다.

홀로세의 지구는 다양성과 아름다움으로 가득 찬 생명체들로 넘쳐나는 보물상자다. 특히 인류에게 더없이 안성맞춤인 행성이다.

우리가 누리는 기후와 우리가 의존하는 생물 다양성은 홀로세의 환경 범위 안에서만 가능하기 때문이다. 홀로세는 75억이 넘는 인구를 먹여 살리고 현대사회를 지탱해줄 수 있는 우리 문명의 에덴동산이다.

우리는 인류 문명이 인간 지성의 필연적 결과라고 생각하는 오만을 저지르고 있지만, 지구 역사를 보면 이 역시 좋은 기후 조건을 만난 덕에 일어난 우연한 사건일 뿐이었다. 산업혁명 이후 인류는 수억 년 동안 땅속에 묻혀 있던 화석연료를 태워 오늘날의 번영을 이뤘다. 하지만 이 번영은 과거 7,000년에 걸친 문명을 지탱해왔던 안정된 기후를 붕괴시킬 정도로 위협이 되고 있다. 이제 인류는 자연적인 기후변동에 적응하는 것을 넘어 오히려 기후변화를 일으키는 주체가 되었다.

지구 미래는 새로움이 아니라 지속에서 찾아야 한다. 홀로세는 우리가 아는 한 인류가 지속할 수 있는 유일한 환경이기 때문이다. 이것이 홀로세를 지켜내야 할 절박하고 충분한 이유다.

과거에 성공적이었던 가치가 미래를 파국에 이르게 한다

그린란드는 녹색 땅이라는 이름과는 달리 대부분 빙하로 덮여 있다. 그러나 연안 지역 일부는 이름 그대로 목축이 가능한 녹색 땅이다. 약 1,000년 전 노르웨이 바이킹이 이곳에 정착했지만, 그 후 450년이 지나 소빙하기에 그들은 완전히 사라졌다.

그들이 사라진 이유는 단순히 추워서가 아니었다. 바이킹이 그린란드에 상륙했을 때 북미에서 이주해 온 북극 종족인 이누이트도 이곳에 정착하기 시작했다. 그 후 소빙하기에 이누이트는 바이킹과 달리 오히려 번성했다. 달리 말하면 소빙하기 동안 그린란드에서 생존이 불가능하지 않았다.

지리학자인 재레드 다이아몬드Jared Mason Diamond는 『문명의 붕괴』에서 그 이유를 "바이킹은 그린란드에서 어려움을 극복할 수 있는 생존 방식으로 바꾸지 않았다. 이전에 역경을 극복하는 데 가장 큰 역할을 했던 가치를 변화한 환경에서도 고수했기 때문이다"라고 결론 내렸다. 왜 과거에는 성공적이었던 가치가 새 환경에서는 파국에 이르게 했을까?

900년에서 1300년 즈음까지를 중세 온난기라고 부른다. 당시 유럽은 따뜻했는데 그린란드 연안 일부 지역에서는 포도를 재배할 정도였다. 아이슬란드에서 살인죄로 추방된 에릭 더레드Erik the Red가 985년 노르웨이 바이킹을 실은 스물다섯 척의 배를 이끌고 그린란드를 향해 떠났다. 험한 항해였기에 열네 척의 배만이 그린란드에 도착했다. 그 후 10년 동안 이주단이 세 번에 걸쳐 그린란드에 정착했다.

1000년경에는 그린란드에서 건물을 세우고 목축을 하기에 적합한 땅이 모두 채워졌다. 인구가 거의 5,000명에 이르렀고, 동쪽 정착지에 약 4,000명, 서쪽 정착지에 약 1,000명이 살았다.

1300년경부터 점점 추워졌다. 이른바 '소빙하기'가 시작되었다. 추위가 심해지는 가운데에서도 노르웨이의 전통적인 방식을 고수한 바이킹은 그린란드에서 양, 염소, 소를 계속 키웠는데, 지나친 방목으로 토양 침식이 가속화되었다. 집을 짓고 난방을 하기 위해 나무를 베어내고 잔디를 벗겨냈다. 결국 나무가 거의 없어 새로운 배를 건조하거나 오래된 배를 수리할 수 없었다.

소빙하기 때 그린란드는 식물 성장의 기후 한계선상에 있었기에 손상된 환경이 자연적으로 회복되지 못했다. 겨우내 가축을 먹일 건초의 생산량이 떨어져 가축이 제공하는 식량만으로 버티기에는 부족했다. 이 부족을 채우기 위해 식단이 유럽식의 쇠고기와 유제품 중심에서 바다표범으로 변화되었다. 정착 초기에 해양 동물은 식단의 30~40퍼센트를 차지했지만, 비율이 꾸준히 상승해 바이킹 소멸 무렵에는 식단의 80퍼센트가 바다에서 공급되었다. 그러나 이것만으로는 바이킹이 소빙하기에 적응할 수 없었다.

겨울철에는 반달바다표범만이 그린란드에 머물렀지만 다른 바다표범보다 사냥하기가 매우 어려웠다. 식량이 부족한 겨울철에도 이누이트는 반달바다표범을 사냥해 식량 공급에 어려움이 없었다. 하지만 목축을 터전으로 삼던 바이킹은 얼음 바로 아래 반달바다표범이 있었지만, 소빙하기 겨우내 굶주렸다. 굶주림만이 문제가 아니었다. 추위에도 떨어야 했다. 혹독해지는 추위를 이겨내는 데는 이누이트처럼 바다표범 가죽으로 만든 파카와 털바지가 더 적합한데도 바이킹은 유럽식 의복을 계속 입었다. 심지어 여자들은 양털로 만든 짧은 가운을 입었다.

그린란드에서 이누이트는 자급자족했지만, 바이킹은 노르웨이와의 무역 없이는 정체성을 지킬 수 없었다. 바이킹의 주력 수출품은 바다코끼리 뻐드렁니로 만든 상아였다. 중세 시대의 많은 상아 유물은 바다코끼리 상아로 만들었다. 아랍이 지중해 일대를 정복했던 시기에(750~1260년) 유럽으로 코끼리 상아를 유입하기 어려웠기 때문이었다. 이때 바이킹이 바다코끼리로 상아 공급을 독점했다.

그린란드에서 권력과 부는 지배계급, 즉 족장과 성직자에게 집중되었다. 그들의 권위를 세우는 데 필요한 물건들, 즉 집을 꾸밀 사치품, 성직자들을 위한 의복과 장식품, 교회에서 사용할 스테인드글라스와 종 등을 주로 수입했다. 바이킹은 무역을 통해서 혹독한 환경 조건을 개선할 여지가 있었다. 그러나 그린란드 지배계급의 근시안적인 이익 추구가 사회 전체의 장기적인 이익을 막았다. 사치품 수입을 줄이고 철과 목재를 더 많이 수입할 수 있었다면, 목초지를 개간하고 사냥 도구를 만드는 데 도움이 되었을 것이다. 그러나 그린란드의 지배자들은 그렇게 하지 않았다.

십자군 원정으로 아시아와 동아프리카의 코끼리 상아가 다시 유럽에 들어오기 시작했다. 이후 포르투갈과 다른 국가들이 아프리카 무역로를 개척하면서 코끼리 상아를 유럽 시장으로 가져왔다. 1349~1350년에는 노르웨이 본토에 흑사병이 창궐하면서 인구의 절반가량이 목숨을 잃었다. 이에 따라 바다코끼리 상아 수요가 크게 줄어들었다. 게다가 1400년대에 들면서는 상아 조각이 유럽에서 유행하지도 않았다.

1420년경 소빙하기가 절정에 이르면서 그린란드, 아이슬란드, 노르웨이를 잇는 바닷길에 여름에도 빙하가 떠다니는 경우가 늘어났다. 노르웨이 입장에서는 매력적인 물건이 없는 그린란드까지 위험을 감수하며 힘들게 배를 보낼 이유가 사라졌다. 이 때문에 그린란드 바이킹은 완전히 고립되었다. 바이킹은 세계화의 희생자이기도 했다.

중세 온난기에 그린란드 바이킹이 공유한 정체성은 서로 힘을 합해 가혹한 환경에서도 역경을 극복하게 했다. 성당을 지었고, 로마 가톨릭교회에 십일조를 보냈으며, 유럽 본토와 적극적으로 거래했다. 그린란드 정착지는 종교, 법, 경제적으로 노르웨이와 완전히 통합된 공동체였다. 그 후 소빙하기의 어려움이 닥쳐왔을 때도 유럽인의 정체성을 고수하느라 생존을 위한 변화를 거부했다.

이누이트는 바이킹과 사뭇 다르게 대처했다. 이누이트는 북극권에서 수천 년을 지내면서 가혹한 기후를 이겨낸 삶의 방식을 계승했다. 그린란드에는 나무가 별로 없었지만, 이누이트에게는 별문제가 되지 않았다. 그들은 눈으로 만든 집인 이글루를 지었으며, 고래와 바다표범의 기름을 태워 집을 난방하고 조명을 밝혔다. 배를 만들 때도 배의 골조에 바다표범 가죽을 씌워서 나무가 많이 필요하지 않았다. 여러 사람이 탈 수 있는 우미악을 만들어 먼 바다로 나가 고래 사냥을 해 식량과 기름을 확보했다.

소빙하기 그린란드에서 펼쳐진 바이킹의 '소멸'과 이누이트의 '생존'에 관한 이야기는 인간이 자연환경에 어떻게 대처하느냐에 따라 운명이 달라진다고 말해준다. 가혹한 환경에서 인간 사회가 소멸할 수 있지만, 그 붕괴가 필연적인 것은 아니기 때문이다.

우리는 이념과 문화, 정치, 경제가 어우러진 정체성을 공유하는 시대에 살고 있다. 이 정체성을 발판으로 지금까지 우리나라는 세계화 구조에 편입되어 경제성장을 이룰 수 있었다. 하지만 우리나라의 식량 자급률은 약 27퍼센트, 에너지 자급률은 약 3퍼센트에 지나지 않는다. 주요 상대국이 무역 보복을 들고 나오거나 수출이 안 되면 위기에 빠질 수 있는 취약한 구조에 놓여 있다. 더 잘사느냐가 문제가 아니라 생존이 문제가 될 수 있다.

그린란드 바이킹처럼 지구환경이 변하는 시대에 세계화는 위험을 증폭시킨다. 상호 연결된 시스템은 서로 간의 의존도와 복잡성을 높여 위험을 증폭할 수 있기 때문이다. 지금 우리는 기후변화, 에너지와 식량의 안보, 물 관리, 환경 보전 같은 실질적인 생존 문제보다 이념과 정체성 문제에 골몰하고 있다. 우리 스스로 위기를 향해 가고 있다.

기후변화는 현재와 미래가 과거의 연속선상에서 벗어나도록 만들었다. 이 불확실성의 시대에 바이킹 이야기는 지금까지 기후에 적합하도록 만들어진 대부분의 가치와 체계가 한순간에 무력해질 수 있음을 시사한다. 소빙하기보다 격렬하게 변화하는 오늘날의 기후에서도 생존할 수 있는 새로운 가치와 체계를 만들어야 하는 시점이다.

아문센과 스콧의 남극 탐험

남극 탐험의 라이벌, 아문센(왼쪽)과 스콧(오른쪽)

1911년 노르웨이의 로알 아문센Roald Amundsen이 영국의 로버트 스콧Robert Falcon Scott보다 먼저 남극점에 도달했다. 아문센의 탐험대원은 모두 무사히 집으로 돌아왔지만, 스콧 탐험대는 남극점에서 돌아오는 길에 모두 굶주림 속에서 얼어 죽었다.

그린란드에서 이누이트에게 생존법을 배우지 않은 바이킹이 소멸한 후, 500년이 지나 바이킹의 후예인 아문센은 이누이트에게서 극지 생존법을 배웠다. 아문센은 추위에 강한 개가 썰매를 끌게 하고 털가죽 방한복을 입었다. 심지어 펭귄까지 잡아먹었고, 탐험 과정에서 죽은 개는 살아남은 개의 먹이로 주었다.

반면 당시 강대국인 영국의 지원을 받은 스콧 탐험대는 조랑말과 최첨단 장비인 설상차를 가지고 갔지만, 남극의 추위 때문에 그것들을 제대로 사용하지도 못했다. 영국에서 생산된 최고급 모직 방한복을 입었지만 땀에서 나오는 수증기가 모직 의류에 얼어붙어 보온 역할을 하지 못했다.

결국 문명에 대한 신뢰와 자부심이 스콧 탐험대 모두를 사망으로 몰고 갔다. 문명을 탄생시킨 기후환경과 다른 조건에서는 기존 삶의 방식이 생존을 보장하지 않았다.

역경 속에서 새로운 세상을 열다

소빙하기는 인류에게 고통스러운 시기였지만, 새로운 세상을 열게 한 시기이기도 했다. 14세기에 시작되어 19세기 중반까지 소빙하기가 이어졌다. 이 기간 내내 세계 어디서나 비슷하게 추위가 발생한 것은 아니다. 동아시아는 서늘했고, 유럽에서 가장 추웠던 시기는 17세기였지만 북미 지역은 19세기였다. 이 시기 기온은 1950~1980년의 평균보다 0.4도, 가장 혹독했던 17세기에는 0.6도 정도 낮았다.

소빙하기는 태양에너지 변화와 화산 활동 때문에 일어났다. 이 당시 태양 에너지의 강도가 오늘날보다 0.25~0.4퍼센트 더 약했다. 태양 흑점이 1460~1550년과 1645~1715년에는 거의 없었다. 흑점 온도는 밝은 부분보다 약 2,000도 낮지만, 흑점이 감소하면 태양에너지가 약해진다는 것을 의미한다. 16세기 이후 화산이 자주 폭발했던 영향도 작용했다. 화산 폭발로 화산재가 성층권 높이까지 올라가 햇빛을 막았기 때문이다.

대기 중 이산화탄소 농도 변화도 소빙하기가 이어지는 데 중요한 역할을 했을 수 있다. 이산화탄소 농도는 1200년 전후 284ppm에서 1610년에는 272ppm으로 감소했다. 기온이 낮아지면 이산화탄소가 바닷물에 녹아 들어가는 양이 많아져 대기 중 이산화탄소 농도가 낮아진다. 하지만 이것만으로는 소빙하기 동안 이산화탄소 농도의 감소를 설명하기에 충분하지 않다.

고기후학자인 윌리엄 러디먼William Ruddiman은 이산화탄소 감소와 인구 감소 간에 상관관계가 있음을 밝혔다. 1347년과 1352년 사이에 발생한 흑사병은 유럽 인구를 2,500만 명 감소시켰다. 1492년에서 1700년 사이 유럽인들이 가져온 질병과 학살에 의해 북미 원주민의 85~90퍼센트인 5,000만 명이 줄었다. 중국에서도 13~14세기와 17~18세기에 걸쳐 기아와 전염병으로 인구가 각각 3,000만 명과 2,000만 명 정도 감소했다. 러디먼은 인구가 급격하게 줄면서 해당 지역의 농지가 버려져 숲으로 전환되었던 역사적 사실을 분석했다. 숲은 농지보다 이산화탄소를 더 많이 흡수해 대기 중 이산화탄소 농도가 감소하는 인과관계를 제시했다.

산업혁명 이전에는 세계가 농업을 중심으로 돌아갔다. 이런 사회에서 경제는 작물의 성장 조건을 결정하는 기후에 크게 영향받았다. 소빙하기에 작물 성장 기간이 짧아지고 경작지가 줄어들었다. 이 당시는 추울 뿐 아니라 날씨 변동이 심해 가뭄과 폭풍우가 자주 일어났는데, 이는 기온 하강보다 농작물에 더 심한 피해를 주었다.

왕조 간의 다툼과 종교 갈등이 고조되어 전례 없는 폭동과 전쟁이 발생했다. 추위가 이런 소요의 직접적인 원인은 아니지만, 정치적·사회적 위기를 더욱 증폭시키는 데 기여했다. 농업 생산량이 줄어들어 곡물 가격이 폭등했기 때문이다.

유럽에서는 기근이 급증했다. 북유럽 지역 사람의 뼈대에 관한 연구에서 평균 신장이 소빙하기 이전보다 18세기에 6.4센티미터 정도 줄었다는 결과가 나올 정도였다. 영양실조에 걸린 몸은 면역 체계도 약하기 때문에 전염병 피해도 컸다. 기근에 시달리던 농민들이 농촌을 떠나 도시로 유입되었으며, 이 때문에 전염병이 여러 도시로 퍼졌다. 특히 1347년 유럽을 휩쓴 흑사병으로 인한 사망자는 당시 유럽 인구의 3분의 1 이상으로 추산된다. 그 이후로도 흑사병의 공세는 400년 동안 파상적으로 이어졌다. 인구가 많은 도시가 가장 심한 타격을 입었다. 한때 파리와 런던에서는 인구가 절반으로 줄어들 정도였다.

엄혹한 이 시기를 살아가는 사람들이 보기에 혹독한 날씨, 흉작과 전염병은 신이 내린 벌이었다. 인간의 죄 때문에 몹시 분노한 신이 고통을 멈춰달라는 인간의 탄원을 거부한 것으로 생각했다. 인간은 이해할 수 없는 재난이 닥치면 비합리적인 집단 선동으로 희생양을 찾아 사태를 무마하려는 경향이 있다. 중세 권력자들은 민중의 분노를 잠재우기 위한 제물을 찾기 시작했다. 희생양으로 삼을 만한 이를 형벌에 처함으로써 신의 분노를 가라앉힐 수 있다고 믿었기 때문이다.

"죄악이 전염병을 불렀다"라는 잘못된 믿음은 "악마를 죽여야 한다"라는 왜곡된 신념으로 비화했다. "유대인이 흑사병을 퍼뜨렸다"라는 말이 돌았다. 공포와 분노에 사로잡힌 군중들이 유럽 여러 도시에서 유대인들을 수백 명씩 죽였다. 또한 사람들은 소빙하기 시기 몰아닥친 고통이 마녀 때문이라고 믿었다. 17세기까지 대략 20만~50만 명의 사람이 마녀사냥으로 죽임을 당했다. 그중 3분의 2가 여성이었다. 마녀사냥이 극에 달했던 때는 거의 언제나 소빙하기에서도 춥고 가혹했던 기간과 일치한다.

하지만 낙인과 혐오를 앞세워 그토록 많은 유대인과 마녀를 죽여도 기후가 나아지지 않았고, 기아와 전염병에서 벗어나지 못했다. 유대인은 악마가 아니라 소수민족이었을 뿐이었고 마녀는 마녀가 아니라 사회적 지위가 가장 낮은 하류층 여성이었을 뿐이었다.

한편 소빙하기에 각종 재난이 닥치고 수확량이 떨어지자, 이를 극복하기 위해 합리적인 방법을 찾는 움직임도 일어났다. 영농 혁신의 선두 주자는 플랑드르와 네덜란드였다. 휴경지 농법을 고안하고 농작물 재배를 다양화했으며 기상 이변에 대비해 댐을 쌓아 간척지를 개척했다. 영국도 이를 따라 했으나 프랑스는 대혁명 전까지도 이 방법을 제대로 보급하지 않았다. 이에 따라 프랑스는 영농 혁신에 뒤처지면서 기근에 더 시달렸다.

프랑스 정부의 정책 실패로 1778년부터 불경기가 시작되었다.

여기에 1783년 아이슬란드에서 화산이 폭발해 140개 화구에서 2년간 화산재를 뿜어냈다. 이 사건으로 추위가 가중되었고 흉작이 들어 농산물 가격 폭등의 방아쇠를 당겼다. 1785년 이후 프랑스에는 흉작 피해의 영향을 완화할 수 있을 만큼 충분한 비축 식량이 없었다. 1788년 7월에는 초대형 우박을 쏟아붓는 폭우대가 프랑스를 지나가면서 대규모 피해를 발생시켰다.

1788년에서 1789년에 걸친 매우 추운 겨울, 프랑스에서는 거의 모든 경제활동이 중단되어 재정 위기가 찾아왔다. 루이 16세는 이 문제를 해결하려고 삼부회의를 소집했다. 그런데 삼부회의를 구성하는 성직자와 귀족은 특별과세를 거부하고 이를 평민에게 전가하려 했다. 평민들은 이에 반발해 국민의회를 발족했다. 국왕이 무력으로 국민의회를 해산시키려 하자 파리 시민들이 무기를 탈취하기 위해 바스티유 감옥을 습격했다. 이날 곡물 가격이 가장 높았다.

계몽된 사회는 기상 이변, 흉작과 전염병의 원인을 신의 분노나 마녀의 저주에서 찾지 않고 그 사회 체계의 문제로 보았다. 즉, 기상 격변에 따른 기근은 지배 권력의 정당성에 의문을 제기했다. 위기를 극복하지 못하는 경우, 사회적·경제적 위기를 넘어 종교적·정치적 위기로 치달을 수 있으며, 최악의 경우에는 정권이 무너질 수 있다. 결국 프랑스대혁명이 일어났다.

한편 정치·사회뿐 아니라 산업에서도 큰 변화가 일어났다. 소빙하기 유럽에서는 나무 장작 수요가 늘었다. 특히 영국에서는 난방과 건축, 초기 산업에 필요한 목재 수요가 증가하면서 공급이 어려워졌다. 목재 가격이 1540년에서 1640년 사이 약 여덟 배나 올랐다. 이 때문에 목재를 대신해 석탄에 의존하게 되었다. 런던과 같은 도시가 성장함에 따라 석탄 수요가 대폭 증가했고, 증가하는 수요에 맞춰 석탄 생산을 늘리기 위한 혁신 과정에서 증기기관이 발명되었다. 이를 기반으로 산업혁명이 일어났다. 소빙하기에 영국은 근대 산업을 태동시키는 기회를 마련했다.

아시아도 소빙하기에 어려움이 많았다. 중국 명나라에서는 1618년부터 1643년까지 가뭄이 계속되었다. 굶어서 죽는 사람이 많았고 대규모 유민이 발생하며 폭력이 난무했다. 결국 명나라는 농민 봉기로 멸망했고 그 후 만주 왕조인 청나라가 들어섰다. 그런데 명나라는 기후 조건이 비슷하게 열악했던 약 300년 전, 몽골 왕조인 원나라를 무너뜨리고 세워졌다. 원나라는 극심한 가뭄과 큰 홍수를 번갈아 겪으면서 위기에 직면했었다. 기근과 전염병이 원나라를 강타했고 약탈과 반란이 일어났다. 명나라를 세운 주원장朱元璋은 농민 봉기의 지도자였다.

그 당시 우리나라는 고려 말이었다. 1309년과 1367년에는 한여름에도 바람이 너무 차가워 사람들이 겨울옷이나 가죽옷을 입어야 할 정도였다. 가뭄마저 이어져 백성들이 기근과 전염병으로 고통을 겪었다. 유난히 비가 많이 온 1388년 이성계가 위화도에서 회군했고, 마침내 1392년 조선왕조를 열었다.

조선은 임진왜란과 병자호란에 이어 1650년 이후 가뭄과 홍수를 극심하게 겪었다. 특히 1671년과 1672년 두 해에 걸쳐 심한 가뭄이 들었는데 이를 '경신대기근庚辛大饑饉'이라 한다. 이 기근은 앞서 전란을 겪었던 노인들이 "전쟁 때도 이보다는 나았다"라고 말할 정도로 무지막지한 피해를 일으켰다. 대기근은 전염병 창궐로 이어져 100만 명에 달하는 사상자가 발생했다. 이에 버금가는 사람이 1695~1696년에 일어난 '을병대기근乙丙大饑饉' 때도 굶거나 병들어 죽었다.

대기근 당시 양반층은 늘고 평민·노비층은 줄어드는 인구 비율의 변화가 일어났다. 이는 누가 대기근의 피해를 고스란히 받아냈는지 보여준다. 이런 절망적인 상황에서 유토피아를 꿈꾸는 신앙이 퍼졌다. 농민들은 유민이 되어 사회안전망이 어느 정도 갖춰진 한양으로 몰렸고, 일부는 반란을 일으키기도 했다.

광주교육대 김덕진 교수는 그의 저서 『대기근, 조선을 뒤덮다』에서 대기근이 고통과 혼란을 일으켰을 뿐 아니라, 이를 극복하는 과정에서 조선을 더 안정되도록 만든 요인으로 작용한 것에 주목했다. 자연재해가 흉작으로 이어져 기근이 발생하고, 결국 조선 사회를 위태롭게 했다. 그러나 조선은 무력하게 굴복하지 않고 이를 극복해냈다. 예를 들어 임시로 설치한 빈민구제기구인 진휼청은 기근을 여러 차례 거치는 동안 상설 기구로 자리 잡아 사회안전망이 구축되는 계기가 됐다. 다음 세기 영조와 정조 시대에 화려한 문화를 꽃피울 수 있었던 것은 바로 17세기 대기근으로 빚어진 위기를 수습하면서 정치적·사회적 안정을 이루었기 때문이기도 했다.

소빙하기에 세계가 기아와 전염병으로 재앙을 겪었다. 이 어려움을 합리적으로 극복하는 과정에서 과학과 농업, 산업 분야에서 혁명적인 변화를 이뤘다. 이와 함께 정치적·사회적 어려움을 극복하는 과정에서 정의, 자유, 평등에 좀 더 가까이 다가갈 수 있는 근대로 이행할 수 있었다. 정치, 경제, 문화, 종교가 그 자체만으로 역사를 결정할 수 없듯이, 기후변화 역시 그 자체로서 특정한 결과를 필연적으로 좌우하지는 않는다. 그러나 소빙하기는 지구 평균 기온의 작은 변화도 엄청난 사회적 영향을 미칠 수 있음을 보여주었다.

지구 위기가 곧 인간 위기다

지난 수천 년 동안 인류는 지구에 상처를 냈지만, 지구는 원래대로 돌아올 수 있었다. 그러나 오늘날 이 무위의 시간이 끝나가고 있다. 인류는 지구에 가한 흔적을 모든 곳에 남긴다. 우리 주변만이 아니라 깊은 바다의 퇴적물에도, 심지어 인공위성 궤도에도 인간의 흔적이 있다. 그리고 대기 안에는 온실가스와 오염먼지를 채운다. 이는 인류의 삶을 안정과 지속에서 혼란과 변화로 바꾼다.

억겁의 세월 동안 태양에너지를 축적한 석유와 석탄, 즉 화석연료를 태우면 에너지가 다시 나온다. 인류는 산업혁명 이후 본격적으로 화석연료를 에너지원으로 활용하기 시작했다. 이것은 그 이전 사회 경제의 발전을 저해했던 수많은 제약을 없앴다. 특히 제2차 세계대전 이후부터 인류가 지구환경에 미치는 영향력이 폭발적으로 커지는, 이른바 '거대한 가속Great Acceleration'이 일어났다.

공기 중 질소를 비료로 전환하는 산업 공정을 개발해 식량 생산을 획기적으로 늘렸다. 보건 환경을 개선했고, 이는 의학 진보와 함께 전염병을 막아냈다. 이로써 홀로세 이전 수백만 명뿐이던 인류의 인구가 현재 75억 명에 이르는 놀라운 여정이 가능했다.

그러나 거대한 가속은 지구환경의 파괴와 궤를 같이한다. 기후변화와 지구환경 파괴는 우리에게 전례 없는 이득을 안겨주었던 동전의 또 다른 면이다. 인류가 지금처럼, 또는 지금보다 잘 살아가려면 부득이 치러야 할 비용이다. 이 비용 때문에 1만 2,000년 전부터 지속해온 홀로세가 위기에 처하고 있다.

인류는 생태계에서 한구석을 차지하고 있을 뿐이지만 이제는 그 구석이 너무 커져 전체를 왜곡하고 있다. 인간 활동은 태양에너지 변화, 화산 분출, 빙하 주기와 지각판 운동보다 더 큰 크기와 속도로 지구에 영향을 준다. 지구시스템에 미치는 인간의 영향력이 자연의 힘을 능가하는 새로운 시대에 들어섰다

인간이 지구의 거의 모든 장소에 남긴 지질학적 증표는 인간이 지구에 미친 영향을 증언할 것이다. 오늘날 우리가 캄브리아기 지층에서 생명의 대폭발, 쥐라기 지층에서 공룡 화석, 홀로세 지층에서 빙하의 움직임을 발견할 수 있다. 이처럼 지금으로부터 수백만 년 뒤 켜켜이 쌓인 지층 가운데 한 층에 오늘날 인간의 지문이 남아 있을 것이다. 그 층에는 생물 다양성 감소, 바다 산성화, 파괴된 숲, 빙하 감소와 가라앉은 섬의 흔적이 담겨 있을 것이고, 플라스틱과 알루미늄 캔이 박혀 있을 것이다.

지질시대는 지질학적 큰 변동이나 특정 생물의 멸종을 기준

으로 구분한다. 오늘날 지질시대 구분은 자연의 힘이 아니라 인간의 힘으로 주도된다. 즉, 인류(그리스어로 'Anthropos')는 자신의 시대cene, 인류세Anthropocene를 열어젖힌 것이다. 인류세라는 개념은 오존층 연구로 노벨화학상을 받은 파울 크뤼천Paul J. Crutzen 교수가 2000년도에 처음 제안했다.

얼마 전까지 '큰 행성big planet'에서 인류가 이룬 '작은 세상small world'은 별 탈 없이 유지되었다. 지구가 아주 커서 우리가 지구에 큰 영향을 줄 수 있으리라고는 생각하지 못했다. 이제 우리는 이러한 우호적인 지구에서 자신을 밀어내고 있다. 우리는 '큰 행성의 작은 세계'에서 '작은 행성의 큰 세계'로 들어섰다.

인류세에 진입했음에도 아직 지구가 '별문제 없어' 보일 수도 있다. 그러나 실제로는 그렇지 않다. '별문제 없어' 보이는 이유는 지구가 인간이 가하는 압박을 완충하고 완화하기 때문이다. 다시 말해 지구가 복원력이 높을 때는 평형 상태를 유지하기 위해 이른바 음의 되먹임이 작용한다. 불만스럽게 떼쓰는 아이에게 끈기 있게 대응하는 어머니처럼, 지구는 인류가 가하는 스트레스와 폐해를 흡수한다. 그러나 지구가 견딜 수 있는 능력도 한계가 있다. 지구도 지속적이고 강력해지는 충격으로 속은 멍들고 있다. 유한한 지구에서 무한한 물적 성장과 소비를 할 수 있도록 자연이 인간에게 한량없이 베풀어주지는 않는다.

기후변화나 환경오염 같은 자연재해는 공간적 경계를 넘어 지구에 영향을 주며, 온실가스와 방사능을 비롯한 각종 폐기물은 세대를 넘어서 영향을 미친다. 이렇게 인간 활동이 지구의 자연 과정을 넘어섬으로써 지구가 작동하는 온전한 방식을 위협한다. 이 위협은 많은 것을 욕망하고, 많은 것을 내다 버리면서도 그로 인한 결과에 대해서는 아무 고민도 하지 않는 악순환을 반복하기 때문에 생겨난다. 단기적으로는 이익을 안겨주지만, 장기적으로는 지구 복원력을 저해해 취약성을 축적한다.

또한 지구 자원과 환경은 사회·경제 개발과 맞물려 있어 지구 위기가 사회 전반에 급속히 파급될 수 있다. 지구 위기는 물, 식량, 에너지, 금융, 정치, 안보 등이 상호작용하는 질서에 영향을 주어 결국 국제 위기로 비화할 수도 있다. 안정되고 건강한 행성이 없다면, 사회도 경제도 없기 때문에 결과적으로 평화도 안정도 없다. 우리가 유례없는 위업을 달성하고 대규모로 지구를 지배하기 시작한 시점에, 바로 그 때문에 우리가 지속할 수 없다는 사실을 깨닫고 있다.

과거에는 우리가 의존하는 지구환경이 안정되었기 때문에 예측 가능했다. 우리 선조들은 그들의 아이들이 살아갈 지구환경이 그들과 같으리라고 생각할 수 있었다. 그러나 '거대한 가속'의 시대에는 미래 변화를 예측할 수 없다. 즉, 우리가 처한 현실에서 미래를 투사하거나 해오던 방식대로 메꾸기만 한다면 지속할 수 있는 미래로 갈 수 없다.

세계 인구는 2050년에는 약 90억~100억 명으로 불어날 테고,

그들 모두는 이 지구상에서 윤택한 삶을 영위할 권리가 있다. 이 상태에서 지속할 수 있으려면, 이제 우리 스스로 제한을 두어야 한다. 그런데도 우리는 모든 제약을 넘어서고 있다. 인간의 본성에는 한계를 뛰어넘으라고 충동질하는 무언가가 있다. 그것이 인간의 존재를 위대하게 만들기도 하지만 동시에 위험이 되기도 한다.

지구의 주인이라 생각했던 우리는 군주가 잠을 자는 동안에 왕좌를 빼앗은 머슴에 불과하다. 인간이 지구를 다스리는 게 아니다. 생물권은 인류보다 심한 격변을 견뎌왔으며, 멸종 위기에서도 수백만 년이 지난 후에 다시 번성했다. 다섯 번의 대멸종조차 새로운 생물권의 탄생을 위한 기회로 만들었다. 우리가 지금 일으키는 지구 위기와 기후변화 속에서도 생물권은 새로운 판을 벌일 것이다. 지구는 스스로 자신을 돌본다. 자연은 우리 없이 살아남을 수 있지만, 우리는 자연 없이 살아남을 수 없다.

우리 자신으로부터 우리를 구해야 한다. 인간이 지구에서 사라진다면, 이 행성은 어떤 의미도 가지지 못한다. 지구를 가치 있게 생각할 수 있는 존재가 없기 때문이다. 인간만이 지구에 의미를 부여하고 지구를 우주에서 특별한 행성으로 두드러지게 한다.

인간은 자연에 막대한 영향력을 행사할 수 있지만, 그로 인한 자연의 반격을 통제할 수는 없다. 그러므로 인류세는 인류의 운명을 좌우하는 능력이 더는 인류에게 있지 않을 수 있다는 의미이며, 이는 현대의 종말을 뜻한다.

2장

변화,
미래의 유일한 상수는
기후변화

기후는 지속해야 하고 날씨는 변해야 한다

기후는 우리가 아는 세계이고, 날씨는 우리가 경험하는 세계다. 즉, 알고 있는 기후가 날마다 다르게 날씨로 현실이 된다. 기후는 우리가 앞으로 무슨 옷을 살지 알려주고, 날씨는 우리가 지금 무슨 옷을 입을지 정해주는 것이다.

기후와 날씨는 시간 척도로 구분된다. 기후는 장기적 균형 상태이지만, 날씨는 그 균형에서 벗어나는 단기적 일탈을 뜻한다. 날씨는 고기압과 저기압 상황에서 기온, 습도, 강수량, 흐림, 바람 등이 시시각각으로 변하는 상태다. 반면 기후는 긴 시간(일반적으로 30년) 동안 날씨의 평균 상태다. 또한 기후에는 평균 상태뿐만이 아니라 일정한 기간 최고 기온과 최저 기온, 한 달이나 1년의 누적 강우량, 극한 날씨의 빈도 등도 포함된다.

고대 그리스인은 지점이 다르면 때에 따라 햇빛이 지구에 비치는 시간과 경사각이 다르다는 것을 알았다. 서양에서 기후climate는 그리스어에서 경사를 의미하는 'kleinein slope'에서 유래했다. 동양에서는 1년을 24절기節氣로 구분하고 15일로 이루어진 기氣를 다시 3등분 한 5일을 1후候라고 했다. 그래서 1년이 72후로 이루어지며 이 5일이 자연 변화의 최소 단위이자 삶의 리듬이기도 했다. 이런 연유로 닷새 만에는 곳곳의 산물을 교환하며 서로 부족한 부분을 보충하는 오일장이 열리게 되었다.

기후 평균값을 크게 벗어나지 않는 자연적인 움직임을 '기후변동氣候變動, climate variation'이라고 한다. 기후변동은 엘니뇨, 라니냐, 또는 북극 진동같이 주기적 또는 간헐적으로 나타난다. 그러나 기후변동의 범위를 벗어나는 상태를 '기후변화氣候變化, climate change'라고 한다. 오늘날 기후변화는 특별한 설명이 없는 한, '인간이 일으킨 기후변화'를 의미한다. 이는 자연적인 기후변동의 범위를 벗어나서 인간 활동으로 발생하는 기후변화가 우리에게 위기를 일으키기 때문이다.

'지구온난화'는 산업혁명 이후 화석연료 배출량의 증가로 인해 20세기 초반부터, 특히 1970년대 후반 이후 뚜렷한 기온 상승을 의미한다. 기온 상승이 지구에 미치는 영향은 당뇨병이 우리 몸에 미치는 영향과 비슷하다. 기온과 당뇨병은 각각 지구와 인간의 조절 시스템에 영향을 미친다. 우리 몸이 당뇨병으로 혈당을 조절할 수 없게 되면 심장질환, 뇌졸중, 신부전, 실명과 같은 수많은 합병증이 발생한다. 지구온난화로 지구 조절 시스템이 불안정해지면 기후가 변덕스럽고 불확실한 상태가 될 뿐 아니라 해수면 상승, 해양 산성화, 식량 생산 감소, 생물 다양성 파괴 등이 급격하게 일어난다.

즉, 지구온난화가 원인을 논하는 용어라면, 기후변화는 원인을 포함한 결과를 의미한다. 그러므로 기후변화는 지구온난화를 포함한 넓은 범위의 지구환경의 변화를 의미한다.

기상학자는 "날씨는 기분이고 기후는 성품이다"라고 표현하기도 한다. 기분은 상황에 따라 바뀌지만, 성품은 정체성이기에 좀처럼 바뀌지 않는다. 어떤 사람이 그 어떤 상황에서도 기분이 같다면 정상이 아닐 것이다. "항상 맑으면 사막이 된다. 비가 내리고 바람이 불어야만 비옥한 땅이 된다"라는 스페인 속담처럼 날씨도 기분처럼 바뀌어야 정상이다.

반면 어떤 사람의 성품이 바뀌면 주변 사람들이 의아하게 생각할 것이다. 자연 순환이 지속해서 변함없어야 우리 삶에 질서와 안정감을 준다. 여기에 맞춰 인류는 각기 다른 생활양식과 문화를 누려왔다. 이처럼 기후에 맞추어진 우리 삶과 문명도 기후가 바뀌면 불안정해진다. 지구의 오랜 역사에서 실제 기후는 줄곧 변해왔고, 지금도 변하고 있다. 그러나 이번에는 기후변화를 일으키는 주체가 자연이 아니라 인간이고, 그 변화가 좋은 쪽이 아니라 인간에게 나쁜 쪽이라는 점이 문제다.

변해야 할 것은 변하고 지속해야 할 것은 지속해야 한다. 즉, 날씨는 변해야 하고 기후는 지속해야 한다. 날씨가 변해야 우리는 살아갈 수 있고 기후가 변하면 우리는 위험에 빠지기 때문이다.

매우 적은 온실가스가 지구 전체에 영향을 미친다

인간의 몸은 같은 충격을 받아도 급소를 맞으면 생명이 위험해질 수 있다. 마찬가지로 지구도 온실가스라는 급소를 가지고 있다. 온실가스는 대기 중에 매우 적은 양만 존재하므로 여기에 조금만 더해져도 그 변화가 커진다. 그런데 이 변화 때문에 지구가 위험해지고 있다.

대부분의 환경오염은 사건이 일어난 다음, 과학자들이 그 원인과 특성을 밝혀냈다. 이와 달리 온실가스에 의한 지구온난화는 과학자들에 의해 먼저 발견된 후 일반인에게 알려졌다. 19세기에 이론적 개념이 제시되었고, 20세기 중반 가능성이 확인되었으며, 이후 증거가 축적되고 있다. 이처럼 지구온난화는 오랜 시간에 걸쳐 이론과 증거들이 서서히 연결되어 결론에 이르는 과정을 밟아왔다.

약 200년 전 프랑스 수학자 조제프 푸리에Joseph Fourier는 지구가 햇빛을 받으면서도 계속 뜨거워지지 않는 이유를 찾아냈다. 지구에 입사된 태양에너지만큼 지구에서 에너지를 방출해야 한다는 사실을 알았다. 그런데 이 과정에서 계산된 지구 평균 기온이 실제 기온보다 낮았다. 계산이 잘못되지 않았다면 뭔가 다른 설명이 더 필요했다. 1824년 그는 온실 안이 따뜻한 것처럼 대기가 온실의 유리 역할을 해 지구를 따스하게 한다고 처음으로 '온실효과'를 설명했다. 그로부터 35년 후, 존 틴들John Tyndall이라는 아일랜드 물리학자가 이산화탄소와 수증기에서 흡수되는 적외선 복사량을 측정했다.

스웨덴 화학자이며 노벨상 수상자인 센테 아레니우스Svante Arrhenius는 1895년에 이산화탄소와 수증기가 지구 기온에 미치는 영향에 관한 논문을 발표했다. 그 후 산업 활동에 의해 이산화탄소가 증가하면 대기 온도가 상승할 수 있음을 밝혔다. 대부분의 과학자는 그의 주장을 무시했다. 20세기 중반 이전까지 학계에 팽배해 있던 생각은 인간 활동이 자연에 영향을 미치기에는 너무 작다는 것이었다. 심지어 온실가스 증가로 기온이 상승하면 추운 지방이 따뜻해져 유익할 수 있다고까지 생각했다.

온실효과 이론에 근거해 미국 스크립스 해양연구소의 찰스 킬링Charles Keling과 로저 레벨Roger Revelle, 그리고 미국 기상청의 해리 웨슬레Harry Wesler는 대기 중 이산화탄소 농도를 측정하기 시작했다. 최초 측정은 1958년 하와이 마우나로아Mauna Loa산 정상에서 이루어졌고 그 이후로 많은 지역으로 확대되었다. 우리나라에서도 국립기상과학원이 안면도, 제주도 고산과 울릉도에서 온실가스를 측정 중이다. 2010년 이후에는 미국, 유럽, 일본과 중국의 지구관측위성에서 지구 전체의 이산화탄소와 메탄을 감시하고 있다.

온실가스는 공기 중에 약 0.04퍼센트밖에 존재하지 않지만, 오늘날 지구 위기인 온난화를 일으키고 있다. 어떻게 이렇게 적은 양의 온실가스가 기온을 상승시킬까?

기온은 공기 분자들의 운동에너지를 나타내는 척도인데 따뜻한 공기 속에서 분자는 차가운 공기에서보다 더 빨리 움직인다. 공기 분자 하나하나는 물리적으로 모두 똑같다고 가정하므로, 그 평균값을 취한다. 즉, 기온은 공기 분자들이 평균적으로 얼마나 빨리 움직이는가로 정해진다.

태양은 표면 온도가 6,000도 정도인데, 대부분의 에너지를 가시광선으로 방출한다. 지구 대기 바깥에 도달한 태양에너지는 그 일부가 구름과 지면에 반사되어 우주로 빠져나가고, 대기에 조금 흡수된 후 지면에는 절반 정도 도달한다. 즉, 가시광선의 절반이 지구 대기를 투과해 지면에 도달한다. 태양에너지로 가열된 지면 열은 적외선으로 다시 방출된다.

지면에서 방출되는 적외선 복사는 우주로 일부 빠져나가고 나머지가 대기에 흡수된다. 공기의 약 99퍼센트를 차지하는 질소(N_2)와 산소(O_2)처럼 같은 원자로 구성된 이원자 분자와 0.93퍼센트를 차지하는 아르곤(Ar) 같은 단원자 분자는 적외선을 흡수하지 않는다. 반면 공기에 섞여 있는 온실가스인 소량의 이산화탄소(CO_2), 메탄(CH_4), 아산화질소(N_2O), 프레온(CFC)처럼 서로 다른 원자들이 결합한 분자는 적외선 복사의 진동수에서 에너지를 흡수한다. 에너지를 흡수한 온실가스는 빙글빙글 돌기도 하고 흔들리기도 한다. 이때 주변에 있던 질소와 산소를 함께 움직여서 전체 공기 운동에너지가 커져 기온이 상승한다.

온도가 상승한 대기는 지면으로 더 많은 적외선을 복사한다. 지면은 태양에서 받은 에너지와 대기에서 받은 에너지를 합해서 다시 적외선을 방출한다. 그러면 다시 일부는 되돌아오고 또 내보내는 순환을 한다. 이 과정에서 지면은 흡수하는 에너지와 내보내는 에너지가 같아져서 상승된 온도가 일정하게 유지된다.

전체 온실가스 중에서 양이 가장 많은 이산화탄소는 지구온난화의 약 74퍼센트에 기여한다. 그러나 전체 공기 중에서는 이산화탄소가 차지하는 비중이 미미하다. 1만 개의 공기 분자 중에서 이산화탄소 분자의 수는 약 네 개에 불과하다. 이처럼 온실효과를 일으키는 능력은 덩치에 비할 바가 아니다. 이산화탄소는 100개의 공기 분자 중에 1개만 있어도 지구 평균 기온이 100도에 도달할 정도로 강력한 온실효과를 품고 있다.

이산화탄소 농도와 함께 대기 중에서 지속하는 시간이 중요하지만, 정확히 밝혀내기 어렵다. 그 이유는 이산화탄소를 제거하는 다양한 과정이 있기 때문이다. 대기 중으로 배출되는 이산화탄소의 65~80퍼센트는 20~200년에 걸쳐 해양에 용해되고 식생에 흡수된다. 나머지는 암석의 화학적 풍화 작용과 같은, 수백 년에서 수천 년

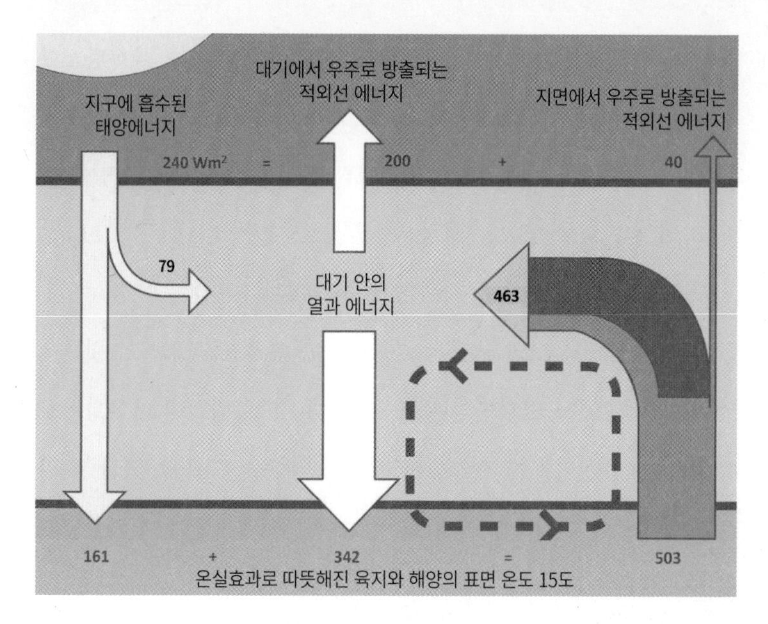

지구는 태양에서 받은 에너지만큼 적외선 에너지를 우주로 내보낸다. 이때 지면에서 나가는 적외선 에너지 중에는 온실가스에 흡수되었다가 다시 지면으로 되돌아오는 에너지가 있다. 이 때문에 지구가 온난한 기온을 유지하는데, 이를 온실효과라 한다.

까지 걸리는 과정들을 거쳐 사라지게 된다. 이는 이산화탄소가 대기 중에 나오게 되면 길게는 수천 년 동안 계속해서 기후에 영향을 미칠 수 있음을 의미한다. 이때 대기 중 '농도'는 화석연료 연소, 시멘트 제조와 산불 등에서 배출된 이산화탄소 일부가 바다와 나무에 흡수된 후 대기에 남아 있는 것을 나타낸다는 점에서 '배출량'과는 다르다. 배출량은 원인이고 농도는 결과다.

온실가스로 인한 온난화의 약 19퍼센트를 차지하는 메탄은 대기 중에서 12년 동안 머무를 수 있다. 아산화질소는 114년 정도 머무르며 전체 온실가스 영향 중 약 8퍼센트를 담당한다. 불화탄소를 함유한 혼합물들(CFCs, HCFCs, HFCs, PFCs)은 1년 미만에서 수천 년까지 대기 중에 머물 수 있지만, 다른 온실가스에 비해 그 양이 매우 적어 온난화에 미치는 영향은 1퍼센트 미만이다. 이 중 CFCs는 지구온난화에 기여하는 동시에 오존층을 파괴한다.

일반적으로 오염 물질은 화학반응을 통해 사라지거나 빗물에 씻겨 대기 중에서 며칠만 머무를 수 있다. 이에 비하면 이산화탄소를 비롯한 온실가스는 지속해서 지구에 영향을 미칠 수 있다. 따라서 온실가스는 대기오염 물질이라기보다는 핵폐기물에 더 가깝다고 볼 수 있다.

온실효과를 가장 크게 일으키는 수증기는 일반적으로 온실가스로 분류하지 않는다. 인간이 대기 중 수증기량을 변화시킬 정도로 많은 양을 직접 배출하지 않기 때문이다. 온실가스는 인간이 직접 배출해서 온난화에 기여하는 기체만을 의미한다.

수증기는 극도로 춥고 건조한 공기에는 미량으로 존재하고 매우 덥고 습한 공기에는 약 4퍼센트 정도 존재한다. 지구 전체 대기 중 수증기의 평균량은 2~3퍼센트다. 즉, 수증기는 이산화탄소보다 공기 중에 60배 이상 많다. 양이 같은 경우 이산화탄소는 수증기보다 강력한 온실가스지만, 실제로는 양이 많은 수증기의 온난화 효과가 더 크다. 예를 들어 예보관이 밤 기온을 예보할 때 이산화탄소 농도는 확인하지 않지만, 상대습도(수증기량)는 고려한다. 이 경우에 수증기의 온실효과는 크지만, 이산화탄소의 온실효과는 작기 때문이다. 다른 모든 조건이 같은 경우, 수증기의 온실효과 때문에 습한 날 밤이 맑은 날 밤보다 따뜻하다.

온실가스가 증가하면 지구온난화로 말미암아 해양에서 증발량이 많아져 대기의 수증기량을 증가시킨다. 지구 평균 기온이 1도 상승하면 수증기가 7퍼센트 증가한다. 결과적으로 수증기는 온난화의 직접적인 원인은 아니지만, 온난화를 가속하는 양의 되먹임으로 작용한다.

인간이 배출한 온실가스가 대류권에서는 열을 더 가두어 기온이 높아지지만, 그 위 성층권에서는 기온이 떨어진다. 이는 추운 겨울 따뜻한 방바닥에 이불이 덮여 있는 경우로 생각해볼 수 있다. 온실가스가 이불, 대류권은 이불 안, 성층권은 이불 밖과 같은 역할을 한다. 얇은 이불을 덮어놓으면 이불 밖의 공기도 따뜻해진다. 반면 두꺼운 이불을 덮어놓으면 이불 안은 더워지지만, 이불 밖은 차가워진다. 이와 같은 이치로 대류권은 가열되지만, 성층권이 냉각되어 온실효과에 상관없이 전체 열에너지가 같아진다. 태양에서 받은 에너지양과 우주로 방출되는 적외선 열에너지양이 같아야 하기 때문이다. 이것은 지구온난화가 인간 활동으로 일어났음을 보여주는 증거이다. 만약 온난화가 태양에너지 증가로 발생했다면, 성층권에서 냉각이 일어나지 않는다. 1979년 이후 위성 관측에서 고도 10~30킬로미터 사이의 성층권 온도가 10년마다 0.3~0.4도 떨어지는 중이

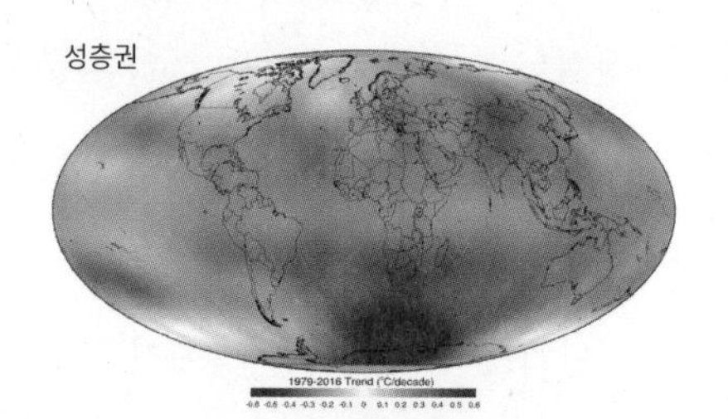

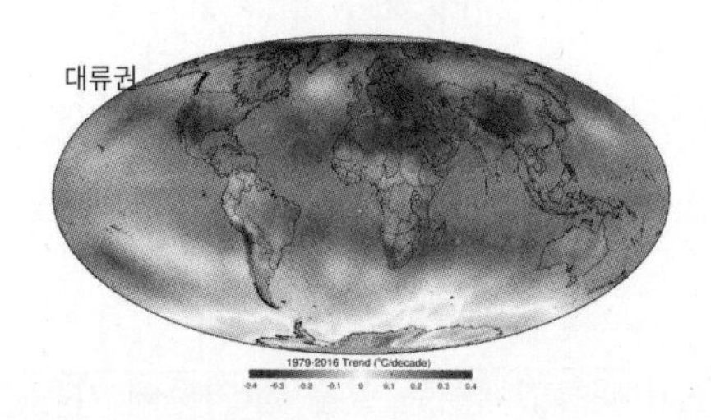

1979~2016년 미국 극궤도기상위성으로 측정한 성층권과 대류권의 기온 변화. 빨간색은 기온 상승, 파란색은 기온 하강을 나타낸다. 온실가스 증가로 인해 대류권에서는 기온이 높아지고, 대류권 바로 위 성층권에서는 기온이 낮아지고 있다. 출처: https://en.wikipedia.org/wiki/Satellite_temperature_measurements

다. 성층권 기온 하강에는 대류권 온실가스 증가와 함께 성층권 오존 농도가 감소하는 효과도 포함된다. 성층권 오존이 감소하면 그만큼 온도가 떨어지기 때문이다.

산업혁명 이후 대기 중의 이산화탄소 농도는 46퍼센트, 메탄은 157퍼센트, 아산화질소는 약 22퍼센트 증가했다. 1958년 이전의 이산화탄소 농도는 극지방 빙하 코어에 갇힌 기포를 분석해 측정할 수 있다. 1850년의 농도는 100만 개 공기 분자 중 285개, 즉 285ppm이었는데 이 수치는 지구가 빙하기와 간빙기를 반복하는 동안 변할 수 있는 자연 범위에서 가장 높은 농도다. 그 후 1958년 마우나로아에서 처음 측정할 당시 이산화탄소 농도는 315ppm이었다. 오늘날 405ppm에 달했고 매년 2ppm씩 상승하고 있다.

현재 이산화탄소 농도는 지난 80만 년 사이 그 어느 때보다 높고, 훨씬 빠른 속도로 높아지고 있다. 현재의 이산화탄소 농도를 과거에서 찾으려면 300만~500만 년 전까지 가야 한다. 그 당시 기온은 지금보다 1~2도 더 따뜻했고, 해수면은 지금보다 10~20미터 더 높았다. 인류는 이러한 조건에서 생존해본 경험이 없다.

하지만 온실가스가 없다면, 지구 적외선 에너지는 모두 우주 공간으로 빠져나갔을 것이다. 그러면 전 지구 평균 지상 기온은 영하 18도로 지구 전체가 얼음으로 뒤덮여 생명이 생존할 수 없다. 실제 온실가스 덕분에 평균 기온이 15도를 유지해 우리가 지구에서 살 수 있다.

이처럼 자연에 의한 온실효과는 인류가 지구에서 살아갈 수 있는 환경을 만들어주었다. 하지만 인간이 초래한 온실효과는 극한 날씨 현상을 발생시키고, 빙하가 녹아 해수면을 상승시키는 등 부정적인 영향을 일으킨다. 그러므로 온실가스는 지구환경에서 소금과 같다고 할 수 있다. 우리는 소금 없이는 살 수 없지만, 소금을 너무 많이 섭취하면 몸에 해가 되는 것과 같은 이치다.

우리 몸의 급소는 생명의 중요한 맥이 흐르는 곳이지만, 이 부위는 외부 충격에 취약하다. 즉, 가장 생명력이 풍부한 곳이 가장 위험한 곳이다. 지금 인류가 온실가스라는 지구의 급소에 충격을 가하고 있다. 이 충격을 누그러뜨리고 중단하지 않는다면, 결국 인류는 헤어 나올 수 없는 위험에 빠질 것이다.

기록이 한 번 깨지면 우연이지만
매번 깨지면 변화가 된다

기록이 한 번 깨지면 우연이다. 다시 깨지면 우연의 반복이다. 세 번째 깨지면 추세가 된다. 매번 깨지면 변화가 된다.

2001년에서 2018년 사이에 지구 평균 기온이 뜨거웠던 열여덟 번의 해 가운데 열일곱 번이 몰려 있다. 그중에서도 뜨거웠던 다섯 해는 2016년, 2015년, 2017년, 2018년, 2014년 순서다. 이제 기후는 우연을 벗어나 추세를 넘어 변화에 이르고 있다.

기후변화를 일으키는 온실가스와 에어로졸의 증가, 태양 활동 변화나 화산 폭발 같은 외부 요인을 '기후 강제력climate forcings'이라고 한다. 기후 강제력으로 일어난 변화를 증폭시키거나 상쇄시키는 되먹임, 즉 내부 요인이 작용한다. 기후 강제력과 내부 되먹임이 함께 작용해 기후를 변화시킨다.

대표적인 기후 강제력인 이산화탄소는 대기 중에 계속 누적되므로, 산업혁명 이후 연평균 이산화탄소 농도는 해마다 높아졌다. 가장 오래 관측한 하와이 마우나로아산 이산화탄소 농도는 1959년

316.0ppm에서 2017년에는 406.5ppm까지 상승했다.

기후 강제력에 되먹임이 작용해 그동안 지구 평균 기온이 약 1도 올라갔다. 이는 세계 모든 곳에서 1도 더워졌다는 것을 의미하지는 않는다. 어떤 장소는 약간 따뜻해지고 있지만, 다른 지역은 엄청나게 뜨거워지고 있다. 예를 들어 극지방은 4도나 따뜻해졌다. 또 어떤 해는 더 뜨겁고 어떤 해는 약간 선선하다. 즉, 지구 연평균 기온은 이산화탄소 농도와는 달리 계속해서 상승하지 못하고 단기적으로 봤을 때는 해마다 오르내린다.

온실가스로 인해 기온은 장기적으로 상승하지만, 긴 기간 평균 상태를 크게 벗어나지 않는 자연적인 '기후변동'에도 영향을 받는다. 기후변동은 열을 전달하고 분배하는 과정에서 발생하는데, 해양 상태에 가장 큰 영향을 받는다. 해양이 대기에 미치는 가장 큰 자연적인 영향은 엘니뇨El Nino와 라니냐La Nina다. 열대 동태평양 해수면 온도가 엘니뇨에서는 따뜻해지고 라니냐에서는 차가워진다. 이에 따라 세계 평균 기온이 단기적으로 해마다 변동하는 것이다. 가장 뜨거웠던 해인 2016년에는 엘니뇨가 발생했다. 지역적으로 다르게 나타나는 온난화는 대기 흐름에 따른 영향을 받는다. 이러한 모든 요인이 합쳐져 온실가스 농도는 해마다 높아지지만 기온은 해마다 최곳값을 경신하지 못하고 오르내린다.

자연에서는 원인과 결과 사이에 시간 차이가 생기는 경우가 있다. 햇빛은 정오에 가장 강하지만, 그날의 최고 기온은 그로부터

2~3시간 뒤에 나타난다. 이는 햇빛이 지표면을 가열하는 데 시간이 필요하기 때문이다. 또한 북반구에서는 햇빛이 하지인 6월 21일에 최고에 이르지만, 기온은 7월 말 이후가 되어야 비로소 가장 높아진다. 이러한 지체는 햇빛이 해양 표층을 가열하는 데 시간이 걸리기 때문에 나타난다.

이처럼 햇빛 변동에 따른 기온 반응뿐 아니라 온실가스 변화에 따른 온난화 반응에서도 지체가 발생한다. 기후계는 대기, 해양, 빙하와 육지로 이루어져 있고 각 부분이 온난화에 반응하는 시간은 저마다 다르다. 바다는 지구 표면의 70퍼센트를 차지하며 육지보다 열을 많이 저장한다. 대기는 바다 3.5미터 깊이에 포함된 열용량만을 가지고 있어 평균 깊이 3,800미터인 바다에 비해 열용량이 매우 적다. 바다 전체 열용량이 대기의 1,000배가량이므로 지구 전체의 에너지 균형을 이루는 데 바다가 중요한 역할을 한다.

산업혁명 이후 증가한 이산화탄소로 인해 1초마다 히로시마 원자폭탄 네 개의 폭발 에너지, 즉, 하루 동안 약 35만 개의 원폭 에너지가 대기에 방출된다. 하지만 그 에너지양에 비해서는 지구온난화가 크지 않다. 이 에너지는 바다에 90퍼센트 이상, 육지에 5퍼센트 정도 흡수되고 대기에는 2퍼센트 미만만 남기 때문이다.

열대와 아열대 바다 표층은 언제나 따뜻하다. 바람이 바닷물을 휘저어서 표층 열을 더 깊은 바닷속으로 전달한다. 세찬 폭풍이 불면 표층의 열이 50~100미터 깊이까지 전달되기도 한다. 그런데 세

찬 폭풍은 이따금 일어나므로 열기가 바다 깊은 곳까지 뒤섞이려면 시간이 필요하다. 이 반응이 일어나는 데 걸리는 시간은 약 20~30년으로 추정된다.

북극 바다에서 차갑고 밀도가 높은 바닷물은 깊은 바닷속으로 내려간 후 저위도 지방으로 흘러간다. 이 여정은 평균 1,000년이 걸린다. 빙하는 기후계에서 가장 느리게 반응한다. 빙하가 녹는 데는 수천 년이 걸린다. 지상 기온에서는 심해와 빙하에서 일어나는 더딘 변화를 감지하기 어렵다. 한편 육지는 기후계에서 빠르게 반응한다. 열이 토양이나 암석의 표층을 데우지만 깊이 들어가지는 못하기 때문이다. 그러므로 육지는 반응 지체 시간이 몇 주나 한 달 정도 걸린다.

이 모든 영향을 함께 고려하면, 기후계의 반응 시간은 주로 열대와 아열대 해양에서 표층 열이 바람으로 섞이는 층까지 퍼지는 시간으로 결정된다. 이 반응 시간 때문에 현재 이산화탄소 농도는 아직 기온 상승으로 드러나지 않았다. 이를 '이미 저질러진commitment 온난화'라고 일컫는다. 다시 말해 지금 나타난 지구온난화는 수십 년 전 온실가스 농도에 대한 반응이다.

2018년 기후변화에 관한 정부 간 협의체Intergovernmental Panel on Climate Change, IPCC 특별 보고서에서 이미 저질러진 온난화를 다루었다. 현재 온실가스 농도가 변하지 않는다고 해도 기온 상승이 앞으로 20~30년 동안은 0.5도를 약간 밑돌고 이번 세기 말에는 거의 0.5도에 도달할 것으로 전망했다. 또한 기후계의 관성과 온실가스의 긴 수명 때문에, 지금 당장 온실가스 배출을 중단한다고 할지라도 지구온난화는 당분간 지속될 것이다. 이는 작은 승용차가 비탈에서 탱크를 미는 경우와 같다. 탱크를 움직이는 건 힘들지만, 일단 움직이기 시작하면 작은 승용차는 탱크 궤도를 바꾸기 어렵다. 이 경우 작은 승용차는 온실가스이고 탱크는 해양이다.

바다는 온실가스가 생성한 열을 서서히 흡수하기 때문에, 바다 수온이 상승한 이후에야 비로소 온실가스가 기후에 미치는 영향을 감지할 수 있다. 즉, 오늘날 우리가 경험하는 기후변화는 드러난 것이 전부가 아니다. 드러나는 데 시간이 걸릴 뿐이다. 우리가 온난화를 막기 위해 그 어떤 최선의 조치를 당장 취한다고 해도 기후변화는 앞으로 계속 커질 가능성이 높다. 미래의 유일한 상수는 변화이므로 우리는 이 변화에 대응해야만 한다. 우리가 제때 변화에 대응하지 않으면 위험이 우리를 먼저 찾아올 것이다.

이제 극한 날씨가 정상이다

우리는 어느 한 지점, 어느 한 순간의 날씨를 경험할 뿐이다. 평균 기후가 아니라 극한 날씨의 변화를 통해서 기후변화를 느낄 수 있다. 그러나 개별적인 극한 날씨는 기후변화의 증거가 아니고, 기껏해야 징후일 뿐이다.

산업혁명 이후 세계적으로 극한 날씨가 많이 증가했다. 기후변화에 관한 정부 간 협의체IPCC에서 2012년에 발간된 「기후변화 적응을 위한 극한 날씨의 위험 관리」 특별 보고서는 "기후변화는 전례 없는 극한 날씨를 일으킬 수 있고 이는 빈도, 강도, 공간적 범위, 기간과 시기의 변화로 나타난다"라고 말한다. 그러나 자연 변동만으로도 날씨 이변이 일어나 극한 날씨의 기록이 깨질 수 있다. 극한 날씨에서 인간에 의한 기후변화를 따로 분리하기가 쉽지 않은 것이다.

기후변화로 극한 날씨 현상이 일어날 가능성이 높아진다는 사실을 확률적으로 분석할 수는 있다. 야구선수가 스테로이드를 복용하는 경우와 비교할 수 있다. 이 야구선수가 어떤 시즌에 다른 시즌보다 홈런을 20퍼센트 더 쳤다 해도 특정한 홈런 하나를 스테로이드 효과로 간주할 수 없다. 그러나 스테로이드가 홈런을 칠 확률을 20퍼센트 높였다고 말할 수는 있다. 즉, 기후변화는 극한 날씨를 더 많이 발생시키는 스테로이드로 볼 수 있다.

기후변화로 평균 기온이 상승하면 폭염을 발생시키는 임계온도를 넘는 경우가 많이 발생한다. 이와 함께 온실가스 증가는 지구 대기에 충격으로 작용해 기온 분산이 커진다. 이는 심한 감기에 걸리면 발열과 오한이 반복되며 체온이 심하게 변하는 것과 같다. 이 경우에도 임계온도를 넘는 경우가 많이 일어난다. 이 두 가지 효과가 합쳐져 폭염이 많이 발생한다. 폭염뿐만이 아니라 최근 수십 년간 '100년 빈도 날씨 현상', 즉 통계적으로 100년에 한 번꼴로 일어날 수 있는, 또는 특정한 연도에 발생할 확률이 1퍼센트인 날씨 현상의 빈도가 급격하게 증가하고 있다.

지구온난화가 진행되고 있지만 여전히 한파가 발생한다. 이를 설명하기 위해 기후에 미치는 인간의 영향을 사기꾼의 주사위로 비유할 수 있다. 이를테면 현재 지구의 기후는 인간 활동에 의한 온실가스 증가로 '특정 숫자 쪽에 무게가 더해진' 주사위다. 이 주사위를 던지면 특정 숫자가 더 자주 나올 것이다. 그렇지만 숫자들의 서열은 여전히 무작위로 남아 있기 때문에 다음번에 그 특정 숫자가 반드시 나온다고 할 수는 없다. 이처럼 온난화로 인해 겨울에 따뜻한 날씨가 나타날 가능성은 커졌지만 근래의 겨울처럼 추운 날씨도 나

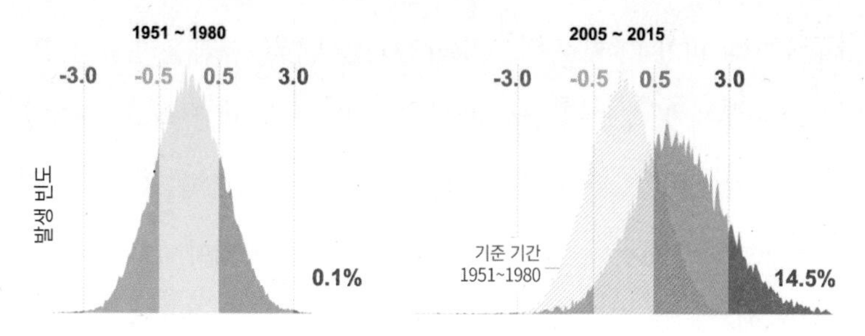

북반구 기상 관측소의 여름 기온 아노말리(anomaly, 관측 기온에서 각 관측 지점의 평균 기온을 뺀 값)의 발생 빈도. 2005년 이후가 1980 이전보다 평균 기온이 상승하고 기온 분산이 증가하여 3도 이상의 기온 아노말리 발생 빈도가 145배 증가했다. 즉, 2005년 이후가 1980 이전보다 폭염 발생의 위험이 커졌다. 출처: Columbia University Earth Institute

타날 수 있다.

인과관계를 통해 극한 날씨를 기후변화의 결과로 돌리지 않고, 통계적 해석만 제시한다면 인간의 원초적 호기심을 실망시킬 것이다. 그렇다면 지구온난화는 대기 순환에 어떤 변화를 일으켜 극한 날씨를 발생시키는가?

적도 지방은 북극 지방보다 태양에너지를 많이 받으므로 남북 간에 에너지 차가 커진다. 자연은 이런 차이를 그대로 두지 않는다. 남북 간의 에너지 차이를 해소하기 위해 열대와 아열대 지방에서는 해들리 순환이라 하는 남북 방향의 순환이 일어나고 중위도 상층에서는 제트기류가 발생한다.

온실가스가 증가하면서 더욱더 따뜻해지고, 증발되는 물의 양도 많아진다. 이로 인해 더 많아진 수증기는 결국 더 많은 비가 되어 내린다. 비가 더 많아지는 지역에서는 더 많은 구름을 만들기 위해 습한 공기가 더 많이 상승한다. 상승한 공기는 비를 내리고 건조한 공기가 되어 그 주변 지역으로 하강한다. 이것이 해들리 순환을 강화하고 확장하는 메커니즘이다. 이로 인해 비가 많이 내리는 열대 수렴대에서는 더욱 비가 많이 내리고 건조한 아열대 지방은 더욱 건조해진다. 즉, 지구온난화에서 호우와 가뭄이라는 상반된 극한 기상 현상이 동시에 강화되는 것이다. 특히 아열대 건조한 하강 기류 지역이 북쪽으로 그 범위를 넓혀가고 있다. 그래서 유럽 남부와 미국 서부의 지역에는 건조한 사막 같은 날씨가 이어지고 산불과 가뭄이 빈발하고 있다.

파동을 이루며 서에서 동으로 진행하는 제트기류는 지상에서 수 킬로미터 상공의 바람이지만, 중·고위도 지방의 지상 날씨를 제어한다. 지구온난화는 북극 지역이 저위도 지역보다 더 크게 일어나므로, 고위도와 저위도 간의 기온 차가 줄어든다. 이로 인해 제트기류가 비정상적으로 느려지는데, 이를 '블로킹'이라 한다. 말 그대로 공기 흐름에 브레이크가 걸린다. 상층 흐름이 느려지면 지상 날씨도 정체된다. 이와 함께 뱀처럼 구불구불한 제트기류 파동의 진폭이 커진다. 이 상층 흐름과 연관되어 지상에서 고기압과 저기압이 더 강해진다. 극한 날씨가 더 강해질 수 있는 것이다. 고기압에서는 화창한 날로 시작했지만, 지속하면 폭염으로 변한다. 또한 폭염은 가뭄과 산불을 발생시키는 원인이 되기도 한다. 저기압에서는 단비로 시작했지만, 지속되면 홍수로 탈바꿈한다.

인류가 화석연료를 태워 온난화가 일어난다고 하는데 겨울철에는 이와는 반대 현상인 한파도 여전히 발생한다. 온난화도 한파도 사실인데 이 대립되는 현상이 어떻게 함께 일어나는가?

제트기류는 북극권의 공기와 중위도의 공기를 분리하는 역할도 한다. 여름철 도심 상가에서 볼 수 있는 '에어 커튼'과 같은 이치다. 에어 커튼은 문을 열어놓고서도 위에서 아래로 강한 바람을 불게 해서 상점 안쪽 공기가 밖으로 나가는 것을 막는다. 에어커튼 바람이 약해지면 상점 안쪽 시원한 공기가 밖으로 빠져나갈 것이다. 이와 같은 원리에 따라 지구온난화로 제트기류가 약해지면 북극권에 고립돼 있던 공기가 한반도 쪽으로 빠져나올 수 있다. 아무리 북극 지방이 따뜻해졌다 해도 겨울철의 북극 공기는 우리에게 한파로 느껴진다.

우리나라도 2000년 이후 2017년까지 연평균 기온이 평년보다 낮은 경우는 세 번밖에 없었다. 연평균 기온이 가장 높았던 해는 지구 전체와 마찬가지로 2016년이었다. 하지만 지구 기온 변화 추세가 우리나라와 반드시 일치하지는 않는다. 지구온난화로 변화된 지구 대기 흐름이 지역에 따라 다르게 영향을 미치므로 모든 지역에서 같은 온난화가 발생하지 않기 때문이다.

국립기상과학원의 연구에 따르면 앞으로 우리나라에서 온난화는 여름철에 뚜렷이 나타나고 겨울철에 좀 더 서서히 나타날 것으로 보인다. 여름철에는 자연적인 기온 변동이 작아 온난화 신호가 뚜렷하게 드러나지만, 겨울철에는 자연적인 기온 변동이 커서 온난화 신호가 뚜렷하지 않기 때문이다. 이는 앞으로 여름철 폭염은 뚜렷하게 증가하고, 한파는 계속 발생해도 그 추세는 감소한다는 것을 의미한다.

기후변화는 명백하다. 그러므로 "기후변화가 없어도 이런 일이 일어났을까?"라고 질문하기보다는 우리가 기후에 어떤 영향을 주었는지를 물어야 한다. 인간이 배출한 온실가스가 지구온난화를 일으켰고, 이는 최근의 극한 날씨에서 중요한 역할을 했다. 즉, 지구는 인간이 가하는 온실가스라는 충격을 받아 인간에게 극한 날씨로 되돌려준다. 비정상이라고 간주했던 극한 날씨는 이제 우연이 아니라 정상이 된 것이다.

온실가스로 열 받은 바다가 강한 태풍을 일으킨다

태풍은 따뜻한 열대 바다에서 발생하는 강한 저기압성 소용돌이다. 발생하는 위치에 따라 그곳에 살던 사람들이 예부터 부르던 말이 달라, 서태평양에서는 태풍, 대서양에서는 허리케인이라 한다. 최근 들어 세계적으로 강력한 태풍이 자주 발생하는 이유가 기후변화 때문이 아니냐는 주장이 잇따르고 있다. 기후변화가 태풍을 직접 일으키진 않지만, 기후변화로 인해 태풍의 여러 특성이 변할 가능성을 살펴야 한다.

자연에서 일어나는 현상 중 이유 없는 것은 없다. 태풍은 지구의 에너지 불균형을 조정하기 위해 발생하는 현상이다. 태양열이 극지방보다 적도에 더 많이 내리쬐므로 남북 간 에너지 차이가 발생한다. 이 차이를 해소하지 않으면 적도 지방은 점점 뜨거워지고 극지방은 점점 추워져 생명이 살 수 없게 된다. 극단적인 빈부 격차가 일어나면 공동체가 붕괴하는 것과 같은 이치다.

남북 간 에너지 불균형을 없애는 과정에서 모든 기상 현상이 발생한다. 중위도에서 발생하는 고기압과 저기압은 열대지방의 따뜻한 공기를 북쪽으로, 극지방의 차가운 공기를 남쪽으로 보낸다. 이와 함께 해양에서도 열대의 따뜻한 물이 북쪽으로 이동한다. 이렇게 해도 열대 해양에서 발생한 과한 에너지가 해소되지 않는 경우가 있다. 태풍은 이 과한 에너지를 직접 북쪽으로 옮긴다. 여러 피해를 일으키지만 태풍은 지구의 생명력을 위해 꼭 필요하다. 그래서 우주에서 바라본 소용돌이치는 태풍의 모습은 지구가 살아 있다는 증표이기도 하다.

태풍은 따뜻한 해양에서 나오는 열에너지를 이용해 소용돌이 바람을 일으키고 대기로 열을 방출하는 거대한 자연 엔진이다. 자동차 엔진이 휘발유를 폭발시킨 에너지로 바퀴를 돌리고 배기가스로 열을 배출하는 원리와 같다. 자연이 만들어낸 태풍 엔진의 효율은 약 33퍼센트 정도로 인간이 정교하게 만든 자동차 엔진의 효율과 거의 같다.

해양 수온이 26도를 넘어야 태풍이 생길 수 있다. 바다가 따뜻해야 그 위 공기가 수증기를 많이 품을 수 있기 때문이다. 수증기는 '하얀 석탄'이라는 별명을 가지고 있는데, 이 수증기가 곧 태풍의 연료다. 해양 열이 수증기 안에 숨은 상태로 대기에 공급된다.

수증기가 응결하는 과정에서 대기로 열을 방출해 팽창된 공기가 상승한다. 상승한 공기는 태풍 상부에서 바깥쪽으로 빠져나간다. 이 때문에 중심 기압이 낮아져 주변으로부터 공기가 태풍 하부로 밀

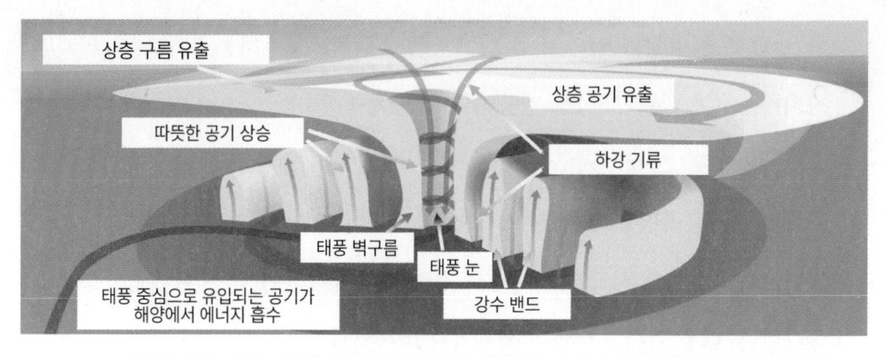

태풍의 구조. 공기 흐름을 화살표로 표시했다. 하층에서 공기가 시계반대 방향으로 회전하면서 태풍 중심을 향해 유입될 때 해양에서 에너지를 얻어 따뜻하고 습한 공기가 된다. 이 공기가 상승하면서 구름을 만들고 상층에서 시계 방향으로 회전하면서 유출된다. 출처: https://en.wikipedia.org/wiki/Eye_(cyclone)

려들어 온다. 이때 유입되는 공기는 해양에서 수증기를 공급받아 양의 되먹임 구조가 완성된다. 태풍이 상대적으로 차가운 바다나 육지로 이동하면 수증기 공급이 어려워져 힘을 잃고 소멸한다.

온실가스가 증가해 기온이 상승하면 그 열이 바다에 흡수되어 수온을 상승시킨다. 지난 수십 년 동안 해수면 온도는 0.5도 상승했다. 더 따뜻해진 바다는 더 많이 증발되며 더 많은 수증기를 대기에 공급한다. 게다가 따뜻한 대기는 더 많은 수분을 담을 수 있다. 더 많아진 수증기는 더 강력한 태풍을 만든다.

태풍 안에서 응결된 수증기는 엄청난 양의 비가 되어 내린다. 2017년 허리케인 하비Harvey가 텍사스와 루이지애나를 넘나들며 6일 동안 육지 위에 123조 리터의 비를 뿌렸다. 이 양은 소양강 댐을 마흔두 번 채울 수 있는 어마어마한 양이다.

태풍은 엄청난 양의 비와 함께 강한 바람을 동반하는 것이 특징이다. 해수면 온도가 1도 상승하면 최대 풍속은 초속 약 8미터 강해질 수 있다. 2016년 《네이처》에 실린 웨이 메이Wei Mei의 연구에 따르면, 북서 태평양 태풍은 1977년 이래 평균 12~15퍼센트 강해졌다고 한다. 태풍 강도가 15퍼센트 강해지면 파괴력이 약 50퍼센트 증가한다. 태풍 피해는 풍속의 세제곱에 비례하기 때문이다.

또한 태풍은 폭풍 해일로 피해를 준다. 태풍은 기압이 낮으므로 해수면을 누르는 힘이 약하다. 이로 인해 해수면이 상승하며 태풍이 이동하면 상승했던 바닷물이 하강해 진동이 발생한다. 이를 폭풍 해일이라 하며 이는 저지대 연안 지역을 침수시킨다. 또한 지구 온난화로 빙하가 녹고 해양 열팽창으로 지구 평균 해수면이 지난 100년 동안 약 20센티미터 상승했다. 이 해수면 상승은 폭풍 해일의 피해를 더욱 악화시킨다.

2013년에 발표된 기후변화에 관한 정부 간 협의체 5차 보고서는, 앞으로 해수면 온도 상승에 따라 강한 태풍(최대 풍속 초속 59미터 이상)의 발생 빈도가 증가할 것으로 전망했다. 그러나 전체 태풍의 발생 빈도는 강한 태풍이 늘어나는 만큼 약한 태풍은 줄어들어 큰 변동이 없을 것으로 내다봤다. 이는 지금까지 관측된 태풍의 변화 경향과 비슷하다. 기후변화로 인해 태풍 발생 지역에서는 저기압성 회전이 다소 억제된다. 이는 태풍 발생 빈도를 증가시키지 못하는 방향으로 작용한다.

기상예보가 개선되면서 태풍으로 인한 사망자의 수가 많이 감소했다. 태풍의 예측과 대응 체계를 갖추지 못했던 1960년 이전에는 우리나라에서 태풍 때문에 1,000명에 달하는 희생자가 발생하는 경우도 있었다. 그 이후 태풍 루사(2002)와 매미(2003)의 희생자는 각각 246명과 132명이었고, 볼라벤(2012)의 경우에는 14명에 지나지 않았다. 그동안 인구가 상당히 증가했다는 점을 고려하면 인명피해는 크게 준 셈이다. 이는 자연재난에 대한 국가 대응 체계가 큰 역할을 했기 때문이다.

그러나 주택이나 이동할 수 없는 농작물, 구조물 등은 보호하기 어려워 재산 피해는 증가하는 추세다. 우리나라에서 태풍은 재산 피해를 기준으로 했을 때 자연재해 1~2위를 차지한다. 2002년 태풍 루사는 5조 1,400억 원, 2003년 태풍 매미는 4조 7,000억 원의 재산 피해를 일으켰다.

우리는 아무 대가를 치르지 않고 탄소를 배출하고 있다. 그러나 이 세상엔 공짜는 없다. 탄소 배출은 태풍을 강하게 하고 인명과 재산 피해를 가져와 결국 비용을 치러야 하는 행위가 된다.

시인 김기림은 1935년에 발간한 시집 『기상도』에서 휘몰아치며 지나가는 태풍의 마지막을 다음과 같이 묘사했다. "우울과 질투와 분노와 끝없는 탄식과 원한의 장마에 곰팡이 낀 추근한 우비를 홀랑 벗어버리고 날개와 같이 가벼운 태양의 옷을 갈아입어도 좋을 게다."

태풍이 지나간 후 깨끗한 공기와 푸른 하늘을 맞이하려면, 지금 우리는 탄소 배출량을 줄이고 기후변화에 적응해야 한다. 이 예방책에는 더 이상의 선택이 없다. 또 다른 선택은 피해와 고통으로 이어지기 때문이다.

태풍의 이름은 어떻게 지을까?

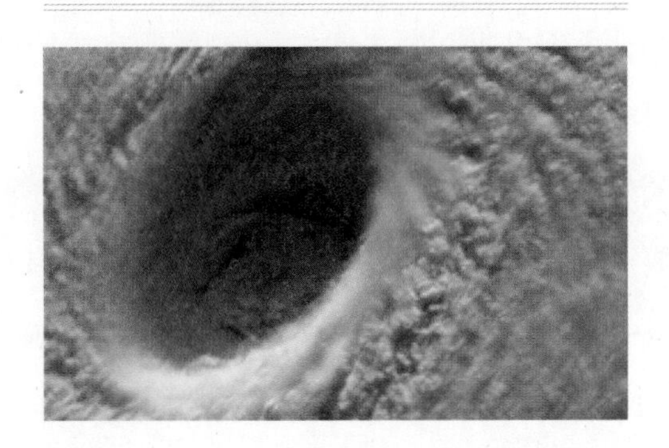

수많은 기상 현상 중 유일하게 태풍만이 개별적인 이름을 가지고 있다. 태풍은 같은 시기 같은 지역에 하나 이상 있을 수 있다. 이때 태풍 예보를 했을 때 혼동을 일으키지 않기 위해 태풍에 이름을 붙인다. 아시아 국가들로 구성된 태풍위원회에서는 회원국별로 열 개씩 제출한 총 140개의 태풍 이름을 순차적으로 사용한다. 태풍위원회엔 북한도 포함되므로 한글 이름이 가장 많다. 140개를 모두 사용하고 나면 1번부터 다시 사용한다. 그런데 매년 개최되는 태풍위원회 총회에서는 막대한 피해를 준 태풍 이름을 퇴출하기도 한다. 우리나라에서 제출한 태풍 이름 '나비'의 경우, 2005년 일본에 엄청난 재해를 일으켜 '독수리'로 대체되었다. 우리나라에 큰 피해를 줬던 '루사'와 '매미'는 각각 '누리'와 '무지개'로 바뀠다.

내 나라 하늘은 곱기가 지랄이다

파란 하늘에 떠 있는 구름은 대기의 변화무쌍한 흐름에 맞춰 다채로운 색깔과 모양을 뽐낸다. 그래서 최인훈은 소설 〈광장〉에서 "내 나라 하늘은 곱기가 지랄이다"라고 했을 거다. 한편 이렇게 다양한 구름은 날씨를 예측하거나 기후변화를 전망할 때 가장 큰 불확실성으로 작용한다. 구름에 관해 우리가 '알고 있는 것'과 '아직 알지 못하는 것'은 무엇일까?

레오나르도 다빈치Leonardo da Vinci는 구름을 '표면이 없는 물체'라고 표현했다. 하늘에 뜬 구름은 시기에 따라, 높이에 따라, 기상 상태에 따라 여러 가지 모양으로 나타나기 때문이다. 이처럼 구름은 덧없이 시간 속을 떠돌면서 엉키고 풀어지고 사라진다. 구름 한 점 없는 맑은 날보다 다양한 높이, 다양한 형태로 구름 낀 날이 입체감 때문에 하늘이 더 깊고 넓어 보인다.

구름은 태양 빛과 어우러져 다양한 색깔로 자신과 하늘을 물들인다. 미국의 자연주의자 헨리 데이비드 소로Henry David Thoreau는

"눈물을 가득 머금은 구름에 비친 태양만큼 아름다운 것은 없다"라고 했다. 해돋이나 해넘이도 구름 한 점 없을 때보다 어느 정도 구름과 어우러질 때 그 붉은 장엄함이 더욱 빛을 발하고 아름답다. 그러고 보면 뻔한 단조로움보다는 확정되지 않은 다양함에 우리 마음이 더 끌리는가 보다.

덧없이 생겼다 사라지는 모습에 내재한 구름의 아름다움과 미적 매력은 화가, 시인, 사진작가 등 많은 사람에게 예술적 영감을 불어넣었다. 인류는 구름을 감성적으로 느꼈지만, 한편으로는 구름을 과학적으로 이해하려 했다.

모든 자연과학은 대상을 분류하고 이름을 붙이는 것에서부터 시작하는데 구름 역시 마찬가지다. 구름 분류 체계는 1803년 영국 아마추어 기상학자 루크 하워드Luke Howard가 만든 것을 따르고 있다. 이를 기반으로 1896년에 세계기상기구WMO는 『국제구름도감』을 만들었다. 대표적인 구름은 적운, 층운과 권운이며 기본 운형은 열 가지로 이루어진다. 기본 운형은 다시 모양, 두께, 위치 등 각각의 특징에 따라 세분되어 다시 약 100여 종류로 나누어진다. 1986년에 프랑스 파리에 모인 기상학자들은 새로운 구름 분류에 대해 합의했는데, 이때 분류해놓은 구름 이름은 163개였다. 30년 만인 2017년에는 세계기상기구가 『구름도감』 개정판을 발표했다. 여기에 새로운 구름 열두 종류가 추가됐다.

적운은 '덩어리져' 있다는 뜻이며 맑은 날에 볼 수 있다. 우리

다양한 구름의 종류. 출처: https://en.wikipedia.org/wiki/List_of_cloud_types

말로는 '뭉게구름'이라고 한다. 적운은 꽃양배추 머리와 같은 흰 소용돌이를 닮았다. 아이들이 풍경화를 그릴 때 하늘에 주로 그리는 구름이다. 이처럼 적운은 구름의 다양한 형태 중에서도 가장 대표적이고 포근하며 친근하다. 따라서 대부분의 나라의 기상청에서 구름을 나타내는 아이콘으로 뭉게구름을 사용한다. 또한 궁궐과 절의 단청 문양이나 불화, 청화백자, 목공예 등에서도 뭉게구름 무늬를 쉽게 볼 수 있다.

층운은 편평하고 폭넓게 퍼진 채 우중충한 회색 하늘로 드러난다. 층운이 끼면 하늘이 낮아져 답답한 느낌이 든다. 하지만 층운이 없다면 구름 속을 걷는 특별한 느낌을 만끽할 수 없을 것이다. 땅바닥까지 내려와 우리와 함께하는 구름은 층운밖에 없다. 이렇게 땅위로 내려앉은 층운을 안개라고 한다.

가장 높은 구름인 권운은 우리말로 '새털구름'이다. 이 구름은 하늘 높이 떠 있는 얼음 결정으로 이루어져 있다. 이 얼음 결정이 아래로 떨어지면서 상층 바람에 흩날리면 꼬리 부분이 엷고 고운 터럭 모양으로 나타난다.

대부분 구름은 솜털처럼 부드러운 느낌을 준다. 하지만 예외가 있다. 아주 험악한 날씨와 마주쳤을 때, 볼 수 있는 적란운이다. 우리말 이름은 '쌘비구름'이다. 이 구름은 폭우, 우박, 강풍, 번개, 눈보라 등을 품고 있고 그 에너지는 히로시마 원자폭탄 열 개와 맞먹는다. 적란운은 구름 중 가장 무거운데 평균 무게가 초대형 여객기인 에어버스 A380과 비슷한 400톤 정도다. 놀랍게도 이 구름은 400톤의 물을 공중에 뜨게 만든다. '뜬구름 잡기'라는 말은 적어도 적란운 앞에선 통하지 않는다.

영어로 'to be on cloud nine'이라는 말은 '날아갈 듯 지극히 행복한 기분'을 뜻한다. 이 말은 1896년 만들어진 『국제구름도감』에서 열 가지로 분류된 구름 목록 가운데 아홉 번째가 바로 적란운이었던 데서 나왔다. 적란운은 모든 구름 중에서 가장 높이 치솟는다. 가장 위험한 구름인 클라우드 나인은 세상 꼭대기에 앉아 있는 황홀한 기분을 의미한다. 위험과 황홀은 함께 묶여 있는 것일까?

인간도 구름을 만든다. 비행기가 지나간 자리에는 가늘고 긴 직선형의 구름이 생긴다. 비행기 배기가스에서 나오는 수증기와 먼지가 만들어낸 구름이다. 이 연약해 보이는 구름도 날씨에 영향을 미친다. 2001년 9·11 테러 직후 며칠 동안 미국 내 모든 상업 비행이 중단되었다. 비행운이 사라지자 평소보다 낮에는 더 많은 태양빛이 지상에 와 닿고 밤에는 더 많은 지구 열이 우주로 빠져나갔다. 이로 인해 미국에서 낮과 밤의 일교차가 더 커졌다.

얼굴이 사람의 마음이며 몸의 상태를 보여주는 지표이듯, 다양한 구름은 각기 다른 날씨를 보여주는 지표가 된다. 구름은 태양열이 지표면을 가열하여 공기 덩이가 상승하는 대류로 만들어진다. 지형을 따라 공기 덩이가 올라가면서 차가워져 구름이 형성되기도 한다. 저기압 안에서는 차가운 공기 위로 따뜻한 공기가 상승해 구름이 만들어진다. 저기압 안에서도 한랭전선과 온난전선에서 생기는 구름은 서로 다르며, 온난전선에서는 그 높이에 따라 다른 구름이 생겨난다.

구름은 각기 모양이 다르지만 만들어지는 과정은 같다. 수증기를 담고 상승한 공기는 높은 고도에서 기압이 낮아져 팽창하여 차가워진다. 기온이 차가워질수록 대기가 머금을 수 있는 수증기의 양이 줄어든다. 따라서 대기에 더 담을 수 없게 된 수증기가 구름방울로 응결해 구름을 만들어낸다. 구름 안에는 세제곱센티미터당 몇백 개 정도의 구름방울이 들어 있다.

구름방울은 중력 때문에 아래로 떨어지려 하나 공기 저항으로 아주 느리게 낙하한다. 구름방울 지름은 평균 5~15마이크로미터다.

10마이크로미터의 구름방울이 낙하하는 속력은 초속 1센티미터에 불과하므로 상승기류가 있으면 쉽게 날아오르고, 바람에 따라 자유롭게 떠다닐 수 있다. 그러므로 구름은 땅에 내려앉지 않고 사라지는 순간까지 공중에 머무를 수 있다.

햇빛이 공기 분자에 도달하면 파란빛이 다른 색보다 더 강하게 산란해 하늘이 파랗게 보인다. 한편 햇빛은 원래 흰색인데 공기 분자보다 큰 구름방울은 햇빛의 모든 색깔을 거의 똑같이 산란시켜 구름을 하얗게 보이게 한다. 구름 하부가 종종 회색으로 보일 때가 있다. 햇빛은 일반적으로 구름 위쪽이나 옆쪽으로 산란한다. 구름 꼭대기나 측면이 하부보다 햇빛을 더 많이 받고 산란시켜 상대적으로 더 하얗게 보인다. 일출 또는 일몰 시 구름이 빨갛거나 주황색일 수 있다. 이때는 태양 고도 각이 낮아서 햇빛이 더 많은 대기를 통과한다. 결과적으로 파란빛이 더 많이 산란되어 결국 소멸하고 주로 붉은색과 노란색 빛만 남기 때문이다

물은 표면적을 작게 하려는 성질이 있으므로 이론적으로 작은 크기의 구름방울이 모여 빗방울이 될 수 없다. 공중에 떠 있는 먼지에 수증기가 달라붙어 물방울이 커지기 때문에 비가 내린다. 즉, 먼지는 구름을 만들 때 응결핵으로 작용한다. 구름방울 크기가 100마이크로미터보다 커지면 빗방울이 되어 떨어진다.

바다에서 증발한 물이 구름이 되고 대지에 비를 내린다. 비는 땅속을 적시고 시냇물로 흘러 강이 되고 다시 바다가 된다. 이때 증

발한 물은 대기에 10일 정도 머물고 빗물이 되기까지 대략 1,000킬로미터를 이동한다. 이처럼 구름은 우리에게 물을 가져다주는 중요한 역할을 한다. 이 물 순환이 모든 생명을 키우고 문명을 지속시킨다.

기후변화 관점에서 구름은 지구온난화를 조정하는 주요한 요소 중 하나다. 구름은 지상으로부터 올라오는 열을 가두고 대기에 다시 뱉어내 지구를 온난화시킨다. 반면 새하얀 구름 표면은 햇빛을 다시 우주 공간으로 반사해 지구를 냉각시킨다. 이와 같은 구름의 서로 다른 역할이 작용하는 방식이 지구온난화를 약화할지 강화할지를 결정한다. 이때 어떤 종류의 구름이 늘거나 주는지가 중요하다. 층운은 햇빛 반사 효과가 커서 지구를 냉각시키지만, 권운은 지구 열이 우주로 나가는 것을 막아 지구를 온난화시킨다.

구름의 종류뿐 아니라 위치, 수분 함량, 그리고 구름방울의 크기, 모양과 수명 중 한 가지에라도 변화가 있으면 지구가 더워지고 식는 정도가 달라진다. 또한 미세한 구름방울이 형성되어 빗방울로 뭉쳐지는 매우 작은 규모에서 대규모 구름의 흐름까지 다양한 과정을 모두 파악해야 기후변화를 제대로 이해할 수 있다. 구름이 기후변화에 반응해서 어떻게 변하는지, 그 변화된 구름이 다시 기후에 어떻게 영향을 미치는지도 알아야 한다.

이처럼 구름은 주변과 상호작용하는 복잡하고 미세한 물리 과정일 뿐 아니라, 대표적인 복잡계이므로 예측하기 어렵다. 거리를 고려하지 않는다면 먼 곳에서 바라본 큰 구름과 가까운 곳에 있는 작은 구름은 그 차이를 식별할 수 없는 규모 불변성을 가진다. 즉, 큰 구름이라고 해서 작은 구름과 특별히 다른 원인을 가지지 않으므로 원인으로 결과를 예측하기 어렵다. 하지만 구름의 불확실성이 기후변화의 확실성을 능가하지는 못한다는 것은 분명하다.

드넓게 펼쳐진 하늘에는 아직 알지 못하는 수많은 구름 이야기가 있다. 아직 알지 못하는 것을 알기 위해 지상뿐만이 아니라 우주에서도 구름의 변화와 흐름을 살피고 있다. 그렇기 때문에 우리는 구름이 어떻게 작동하는지를 더 이해할 수 있고, 계속해서 질문을 이어갈 것이다.

북극에서 일어나는 일은 북극에만 머무르지 않는다

해양 위에 떠 있는 얼음인 해빙sea ice은 북극과 남극에 있으며, 겨울철 우리나라 서해 발해만에도 생긴다. 해빙은 계절에 따라 크기가 변한다. 북반구에서 가을부터 해빙이 점점 커지고 봄부터 해빙이 녹아 그 둘레가 줄어든다. 현대인들은 허리둘레를 줄이는 데 어려움을 겪고 있지만, 해빙은 그 둘레가 줄어들어 문제가 된다. 이는 지구가 위험해지고 있다는 신호이며 멀리 떨어져 있는 우리나라에도 영향을 주기 때문이다.

북극은 바다 위에 얼음이 떠 있는 반면, 남극은 대륙 위에 얼음이 덮여 있다. 북극 해빙의 평균 두께는 2~3미터이며 수온이 오르면 바닷물과 접촉하는 바닥부터 녹기 시작한다. 그리하여 여름이 끝나는 9월에 해빙이 가장 작아지는데 겨울철 면적의 3분의 1 정도 남는다. 한편 남극 대륙 주변 해빙이 북극 해빙보다 적다. 그러므로 남극에서는 해빙 변화에 따른 기후변화가 북극에 비해 작다.

해빙은 해수면 에너지 교환에 영향을 준다. 눈으로 거의 덮여 있는 해빙은 지표에 도달한 햇빛의 90퍼센트를 반사해 우주로 다시 내보낸다. 반면 바다는 어두운 표면이므로 햇빛의 90퍼센트를 흡수한다. 이 상반된 작용이 기후에 강력한 영향을 끼칠 수 있다. 지구온난화로 극지방이 해빙이 줄어들면, 햇빛을 더 적게 반사하고 더 많이 흡수해 온난화를 증폭하는 것이다. 이를 얼음 반사 되먹임이라 한다.

해빙은 열전도율이 낮아서 차가운 대기와 따뜻한 해양 사이에서 열차폐막 역할을 한다. 즉, 따뜻한 해양 열이 대기로 전달되는 것을 막는다. 그러나 지구온난화로 해빙이 줄어들면 차폐 효과가 약해져 북극 대기가 더 따뜻해진다. 또한 북극 해양의 열은 주로 해빙을 녹이는 데 사용된다. 해빙이 있는 한, 여름철에도 해양이 0도 정도로 유지될 수 있다. 그러나 해빙이 사라지면 해양 수온이 크게 상승한다. 수온이 0도보다 높아지면 북극권 해안의 영구 동토층이 녹아 온실가스인 메탄이 배출되어 온난화를 더 크게 할 수 있다.

여름철에 다 녹지 않고 남아 있던 해빙은 겨울철에 다시 커진다. 다년 해빙은 두꺼워 지구온난화에 더욱더 탄력적이다. 북극 해빙 영역이 가장 넓은 3월의 경우, 1980년대에는 4년 이상 된 해빙이 20퍼센트 이상을 차지했는데 2010년대에는 10퍼센트 이하로 줄어들었다. 9월 해빙 영역은 위성 관측이 시작된 1979년 이후 10년마다 약 13퍼센트씩 줄고 있다. 21세기 안에 해빙이 여름철 북극해에서 사라지는 해가 나타날 것으로 전망한다.

해빙이 녹는다고 해도 해수면을 상승시키지는 못한다. 얼음이 물보다 밀도가 낮아, 해빙 전체의 무게와 물에 잠긴 해빙이 차지하는 부피만큼의 물 무게가 같기 때문이다. 하지만 사라지는 해빙은 북반구에서 나타나는 극단적인 날씨의 원인이 되므로 기후변화의 주요 지표가 된다.

북극 해빙은 중위도 날씨에 중요한 역할을 하는 제트기류를 변화시킬 수 있다. 북극과 저위도 사이의 기온 차이가 제트기류의 에너지원이다. 해빙 감소에 따라 북극 지역이 지구의 다른 지역보다 두세 배 더 따뜻해진다. 즉, 지구온난화는 남북 간 기온 차이를 작게 한다. 이로 인해 극지방을 감싸는 제트기류가 약화되어 극한 날씨가 자주 일어날 수 있다.

또한 북극 해빙은 해양 순환에 변화를 일으킬 수 있다. 해양 순환의 작동이 북극해에서 시작되기 때문이다. 멕시코 만류는 열대 바다에서 강한 햇빛을 받아 증발이 왕성했기 때문에 염분이 높다. 이 바닷물이 북극해에 도달한 후 차가운 북극 바람으로 냉각된다. 그 과정에서 바닷물이 얼어붙으면서 해빙이 만들어지고 이때 염분이 빠져나간다. 염분 농도가 짙어지고 저온으로 냉각돼 밀도가 한층 더 높아진 표층 바닷물이 심층으로 가라앉는다.

심해저로 들어간 바닷물은 대서양을 남북으로 가로질러 남극 바다까지 흘러가 남극해에서 만들어지는 심층수와 합쳐진다. 이어 방향을 틀어 동쪽으로 나아간 심층 해류는 북태평양에 도달한 뒤 바

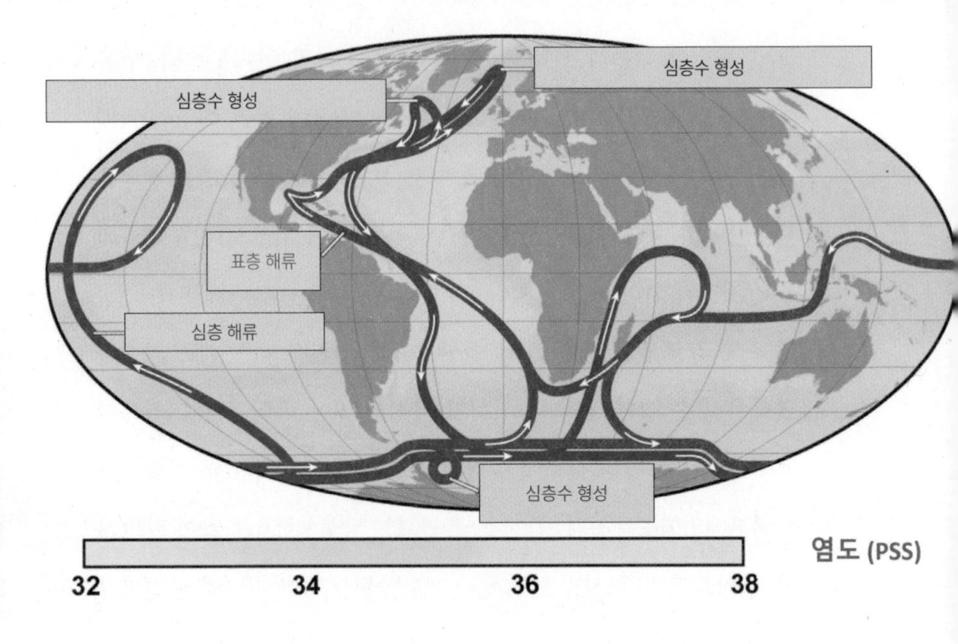

컨베이어 벨트처럼 생긴 해양 순환. 출처: https://en.wikipedia.org/wiki/Thermohaline_circulation

다 표층으로 올라오게 된다. 이 표층 해류는 남쪽으로 내려와 동남아 바다와 아프리카 대륙을 휘감아 돈 후 따뜻한 멕시코 만류와 합류해 다시 유럽을 향해 흐른다.

그래서 겨울철에 북위 37.4도의 서울보다 고위도에 위치한 북위 51.5도의 런던이 더 따뜻하다. 멕시코 만류로 인해 서유럽 사람들이 온난한 기후에서 살 수 있는 것이다. 이 컨베이어 벨트 같은 해양 순환이 끊긴다면, 북대서양과 그 주변 지역은 차갑게 식을 수밖에 없다. 이것이 바로 1만 2,900년 전에 빙하가 깨져 녹은 물이 북대서양으로 흘러들었을 때 발생한 현상이다. 북대서양과 그 일대 북아메리카 및 유럽 지역은 1만 1,700년 전까지 빙하기로 되돌아간 듯했다. 이 1,200년에 걸친 한랭기를 '신드리아스기Younger Dryas time'라고 부른다. 이때 추운 툰드라 지대에서나 피는 '드리아스'라는 꽃이 유럽 전역에서 만발했기 때문에 붙은 이름이다.

그런데 신드리아스기처럼 극적인 현상이 나타나기에는 현재 북극 빙하가 너무 적다. 하지만 대서양 해양 순환이 이번 세기말이면 기력을 상당히 잃을 것으로 예상한다. 현재 관측에서도 해빙과 그린란드 빙하가 녹아 염분이 낮아지면서 북극 바닷물이 심해로 내려가는 힘이 약해지고 있다. 20세기 중반 이후 대서양 해양 순환이 15퍼센트 정도 약해졌다. 이로 인해 해양 열 흐름이 변화해 북반구 기후를 크게 변화시키고 있다.

북극 해빙은 북극해에 서식하는 미생물부터 바다코끼리나 북극곰처럼 큰 동물까지 무수한 생명체들이 정교한 먹이사슬로 얽혀서 살아가는 터전이다. 따라서 해빙에 변화가 생기면 먹이사슬 자체가 붕괴할 수 있다. 그리고 해류 순환이 교란되면서 지구촌 수산자원의 생산성에 불리한 영향을 줄 수 있다.

북극에서 일어나는 변화는 우리와 멀리 떨어진 곳에서 일어나는 일이라 별것이 아니라고 생각할 수 있다. 그러나 북극 해빙의 변화는 제트기류의 변화를 통해 우리나라에서 극한 날씨 현상이 발생하는 데 영향을 줄 수 있다. 북극에서 일어나는 일이 북극에만 머무르지 않는 것이다.

우리는 북극 해빙이 줄어드는 것보다 지금 내린 눈이 길에 쌓여 있는 것을 더 걱정한다. 하나는 지구적 재앙이며 다른 하나는 생활의 불편이다. 길에 쌓여 있는 눈을 당장 치워야 하는 것처럼 불확실성이 있다 해도 미래 경고에 대비해 당장 행동해야 한다. 잘못 짚은 낙관론의 결과는 비관론의 결과보다 훨씬 좋지 않기 때문이다.

기후변화에 관한 정부 간 협의체Intergovernmental Panel on Climate Change, IPCC는 1988년 세계기상기구WMO와 국제연합환경계획UNEP에 의해 설립된 국제연합UN 산하 기구로, 기후변화에 관한 객관적인 과학 정보를 제공하려는 목적에서 세워졌다.

IPCC는 기후변화의 최근 연구 성과들을 취합하여 평가한 뒤, 그 결과를 보고서로 제출한다. 2013년 IPCC 5차 평가 보고서에는 259명의 주 저자가 참여했으며 5만여 명의 논평이 더해졌다. 과거 어떤 주제의 과학적 평가에도 이렇게 많은 국가, 과학계, 과학자들이 폭넓게 참여한 적이 없었다. 그러므로 IPCC 보고서는 세계 과학계의 관점을 종합적으로 반영한 가장 권위 있는 진술이 된다. 그 결과 2007년에 IPCC는 노벨평화상을 받았다.

IPCC는 1990년에 시작해 5~7년 간격으로 평가 보고서와 특정 논점을 다루는 특별 보고서를 발행한다. 평가보고서 중 「과학 근거The Physical Science Basis」는 지난 과거 관측 자료에서 기후변화의 원인과 특징을 분석하고 지구시스템모형으로 미래를 전망했다. 관측 분석과 미래 전망은 그것을 뒷받침하는 증거가 얼마나 강력한지, 과학자들 사이에서 어느 수준의 합의에 이르렀는지에 관한 불확실성을 정량화해 서술되었다. 이 외에도 기후변화 대응을 기술한 「영향, 적응과 취약성Impacts, Adaptation, and Vulnerability」과 「기후변화의 저감Mitigation of Climate change」도 함께 발간했다.

IPCC 보고서의 새로운 판이 발간될 때마다 인간이 기후변화를 일으켰다는 증거가 분명하다는 견해에 힘이 더 실리고 있다. 1차 보고서(1990년)에서는 인간 활동을 기후변화의 원인으로 확신하지 않았으나 2차 보고서(1995년)에서는 여러 원인 가운데 하나로 언급했으며, 3차 보고서(2001년)에서는 인간의 책임이 66퍼센트 이상이라고 밝혔다. 4차 보고서(2007년)에서는 인간 활동이 기후변화를 일으켰을 가능성이 90퍼센트 이상이라 했다. 5차 보고서(2013년)에서는 인위적인 영향이 20세기 중반 이후 관측된 온난화의 주된 원인일 가능성이 95퍼센트 이상이라고 확신의 수위를 높였다.

기후변화 대응과 관련해서 적절한 의사결정을 위해 온실가스 배출 시나리오를 만들고 각 시나리오에 따른 기후 전망을 제시한다. 앞으로 수십 년, 수 세기 이후에 지구가 얼마나 더 더워질 것인지 정확하게 알 수는 없다. 가장 큰 이유는 미래에 인간이 얼마나 더 온실가스를 배출할지 불확실하기 때문이다.

인간 활동이 기후변화의 주요 인자가 되었기 때문에, 현재와

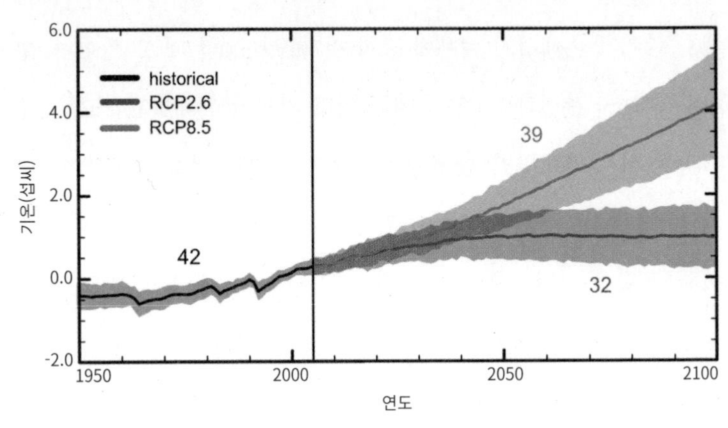

IPCC 5차 보고서에서 발표한 기후변화모형의 결과. 1986~2005년과 비교한 지구 연평균 지상 기온의 변화 모습이다. 검정선은 과거의 기온 경향이고, 파란선은 기후가 안정되도록 온실가스를 줄이는 시나리오(RCP2.6)이며, 빨간선은 온실가스를 전혀 줄이지 않는 시나리오(RCP8.5)에서의 미래 기온 전망을 나타낸다. 음영은 기후변화모형의 불확실성이다. 그림 안에 숫자는 참여한 기후변화모형의 개수다. 여기에 국립기상과학원 모형의 결과도 포함되어 있다. 기후변화모형의 기온 불확실성보다 인간이 선택해야 할 온실가스 시나리오에 따른 기온 차이가 더 크다.
출처: IPCC 5차 보고서

미래에 인간이 배출하는 온실가스가 미래 기후변화를 결정지을 것이다. 그러므로 하나가 아니라 여러 시나리오가 있다. 앞으로 온실가스를 기후가 안정되도록 줄이는 경우, 중간 정도 줄이는 경우, 전혀 줄이지 않는 경우 등에 관해 국제적으로 미리 합의된 배출량 시나리오가 있다. 그중 우리는 어떤 미래에서 살아갈 것인지 선택해야 한다. 이를 위해 온실가스 배출 시나리오에 따른 기후변화를 지구시스템모형으로 전망한다.

기후계는 매우 복잡해서 어떠한 모형도 세부 사항에 관한 모든 과정을 완벽히 반영할 수는 없다. 모형과 현실에는 언제나 어느 정도 차이가 존재하기 때문에 모형 결과를 사용할 때 그 차이가 얼마나 되는지 추산해야 한다. 세계 여러 기관에서 개발된 모형들의 결과를 서로 비교하면, 불확실성을 줄여 전망을 더욱 확신할 수 있게 해준다. 즉, 한 가지 모형이 지닌 부정확성의 영향을 최소화하기 위해서, 같은 시나리오를 각 기관의 여러 모형으로 모사해 그 결과들을 비교한다. 그래서 발생 가능한 미래 기후변화를 특정값이 아닌 범위로 나타낸다. 우리나라에서는 국립기상과학원의 모형으로 자료를 산출해 IPCC 보고서에 기여했다.

IPCC 정부 측 대표자들도 보고서의 과학 내용이 정책 입안자의 시각에서 적절하고 명확한지를 확인한다. 실질적으로 과학자뿐만 아니라 정부도 평가 결과를 공동으로 소유하는 셈이다.

IPCC 보고서는 유엔기후변화협약UN Framework Convention on Climate Change, UNFCCC 협상의 근거 자료로 활용된다. 이 보고서를 정치가와 정책 입안자들에게 제시할 때, 과학적 의견의 일치 정도가 기후변화와 그 영향의 문제를 인식하도록 설득하는 데 중요하다. IPCC 조정 아래 세계 과학자가 내놓은 확실한 결과가 없었다면, 세계 각국이 교토와 파리의 유엔기후변화협약에 참여하지 않았을 것이다.

IPCC의 기후변화 전망은 지금 우리의 대응에 따라 앞으로 일어날 수 있는 위험을 미리 보여준다. 미래 전망은 이미 결정된 미래를 밝혀내는 것이 아니라, 우리가 바라는 미래를 만드는 것을 목적으로 한다. 다시 말해 기후변화 전망은 지도를 펼쳐놓고 나침반을 이용해 가야 할 길을 그리는 작업과 같다. 도상에서 가장 빠르고 안전한 길을 찾아냈다 한들 가지 않으면 무용지물이다.

미래 위험을 피하려고 지금 반응하고 행동한다면, 우리가 한 예언을 스스로 반박할 수 있을 것이다. 이처럼 예측된 위험은 가능성일 뿐 아니라 현재의 선택에 영향을 미친다. 이를 통해 미래는 '주어지는 것' 아니라 '이루어가는 것'이 된다.

3장

위기,
파국은 한순간에
찾아온다

보호난간이 있어야 절벽에서도 달릴 수 있다

그리스신화 속 프로메테우스는 신들만이 누리는 불을 훔쳐 인간에게 주었다. 불은 인간도 신처럼 살 수 있게 했으나 이는 우주 질서를 깨뜨린 행동이었다. 제우스는 프로메테우스뿐 아니라 인간에게도 형벌을 내렸다. 판도라 상자가 열려 인간 세상에 온갖 불행과 근심, 걱정이 퍼진 것이다. 우리는 이 그리스신화의 교훈을 잊어버렸다. 오늘날 또다시 '화석 연료'라는 새로운 불을 훔쳐 현대 문명을 탄생시켰다. 하지만 이로 인해 자연 섭리가 깨져 새로운 징벌을 받을 위험이 커지고 있다.

인류 문명은 1만 2,000년 전에 시작된 홀로세의 기후 조건에 맞추어져 있다. 홀로세는 지구 탄생 이후 흔히 있는 상태가 아니라 아주 특별하고 유일한 시기다. 인류는 가파른 절벽 가장자리에 위태롭게 놓인 도로를 달리고 있는 것과 같다. 하지만 인류가 유한한 지구에서 무한한 성장을 향해 달려가고 있어 이를 견딜 수 없는 지구는 홀로세에서 떠나려고 한다.

까딱하면 굴러떨어질 수 있는 낭떠러지 길이라 해도 보호난간이 있으면 우리는 안전하게 운행을 할 수 있다. 지구의 보호난간은 넘어서는 안 되는 지구 위험의 요소로 구성된다. 각각의 위험 요소에 관해 인류의 안정과 번영이 위태로워지는 한계를 정량화해야 한다. 스톡홀름 복원력센터 요한 록스트롬Johan Rockstrom 소장과 여러 연구기관에 소속된 28명의 과학자는 2009년도 《네이처》 논문에 지구의 보호난간으로 아홉 가지 요소의 '지구위험한계Planetary Boundaries'를 제시했다. 이후 스웨덴, 독일, 덴마크 등 아홉 개 나라 과학자 18명은 2015년 《사이언스》 논문에서 이 지구위험한계를 개선했다.

지구가 충격을 받으면 처음엔 지구위험한계의 '불확실 영역'에 들어선다. 이때는 원래 상태로 되돌아가려는 복원력이 작동한다. 권투 선수가 펀치를 맞는다고 해도 처음 몇 라운드에서는 회복력이 있어 버틸 수 있는 것과 마찬가지다. 불확실 영역을 넘어서면 '고위험 영역'으로 진입한다. 고위험 영역에서는 어느 순간 작은 충격으로도 전체 균형이 무너지고 복원력이 작동하지 않으므로 원상태로 회복할 수 없다. 회복력이 바닥나는 마지막 라운드쯤 되면 권투 선수는 한 방만 더 맞아도 쓰러져서 다시 못 일어날 수 있는 것과 같다.

지구위험한계는 그 영향력에 따라 세 범주로 나누어진다. 첫 번째 범주는 기후변화, 성층권 오존층의 파괴, 해양 산성화다. 이 요소들은 지구 전체에 직접 영향을 미친다. 두 번째 범주는 토지 이용

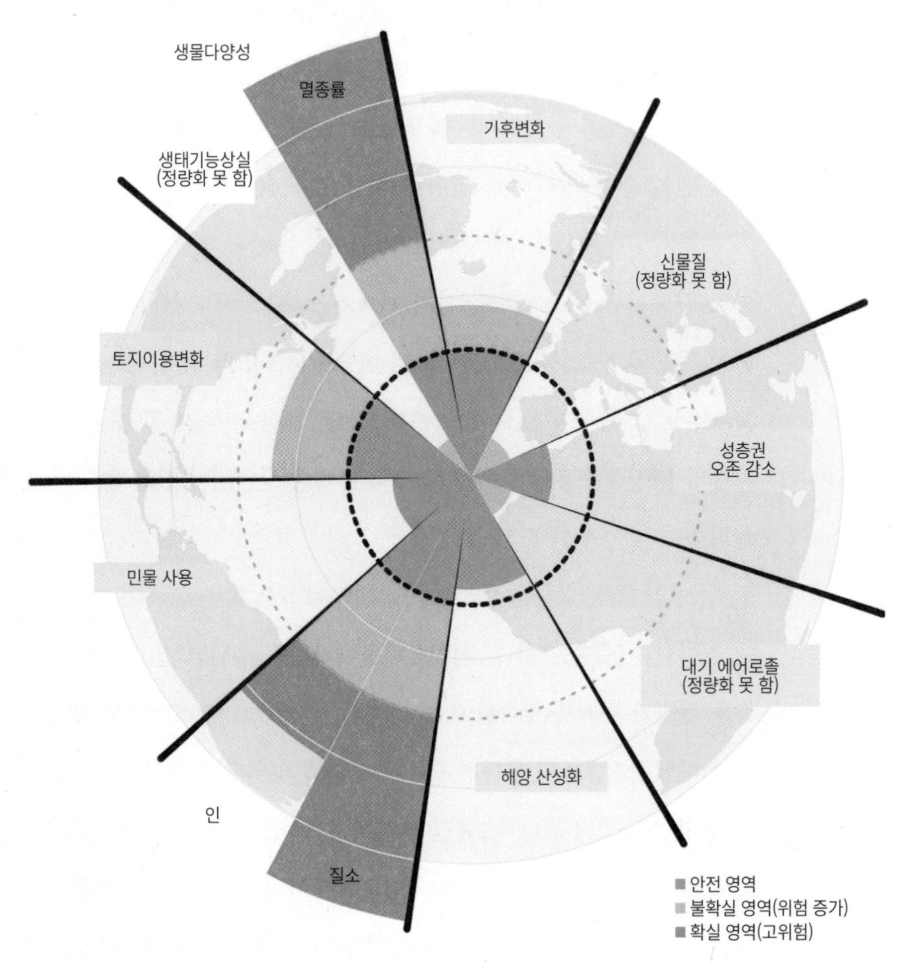

지구위험한계. 출처: Steffen et al., 2015

변화(산림 파괴), 민물 이용, 생물 다양성 감소, 질소와 인의 과잉 공급이다. 이들은 지역 규모에 작용해서 지구 전체 규모로 영향을 미친다. 세 번째 범주는 대기 에어로졸과 신물질(화학오염과 방사능)이다. 이는 구성 성분, 지리적 위치와 기상 조건에 따라 크게 달라지고 복잡하다. 대기 에어로졸과 신물질의 위험한계는 아직 충분히 이해되지 않아 수량화하지 못했다.

기후변화 위험한계의 지표는 이산화탄소 농도다. 극지방 빙하가 기후변화의 안정 여부를 판단하는 데 큰 역할을 한다. 극지방 빙하가 안정되기 위해서는 350ppm 이하여야 한다. 현재 이산화탄소 농도는 405ppm을 넘어 불확실 영역(350~450ppm)에 들어섰고 산업혁명 이후 이미 지구 평균 기온이 1도 상승했다. 이산화탄소 농도가 450ppm을 넘어서면 지구 평균 기온이 파리기후협약의 기준인 2도 이상 상승하므로 고위험 영역에 진입한다.

성층권 오존층은 태양으로부터 온 자외선을 막아낸다. 오존층이 감소하면 피부암 발병률이 높아지고 생물계에 손상을 줄 수 있다. 산업혁명 이전 오존 농도의 5~10퍼센트 손실이 불확실 영역이다. 성층권 오존이 10퍼센트보다 더 손실되면 봄마다 극지방에서 오존 구멍이 생길 수 있다. 1987년 체결된 몬트리올의정서에 따라 세계 모든 국가들은 성층권 파괴 물질인 염화불화탄소(CFCs) 생산을 금지했다. 현재 성층권 오존층이 조금씩 회복되고 있고 안정 영역에 머물고 있다. 성층권 오존은 환경 재앙에 맞닥뜨렸을 때 국제적으로 신속하게 대응하는 데 성공한 대표적인 사례다.

해양 산성화는 인간이 대기 중에 배출한 이산화탄소의 약 4분의 1이 바다에 녹기 때문에 발생한다. 바다에 녹은 이산화탄소는 바닷물을 산성화시킨다. 높아진 산성도는 산호, 조개류, 플랑크톤이 껍질을 만들 때 필요한 탄산염 이온 농도를 낮춘다. 이로 인해 해양 생태계에 변화가 일어나고 결국 어류 자원을 감소시킨다. 해양 산성화의 불확실 영역은 산업혁명 이전 탄산염 이온 농도의 70~80퍼센트로 정했다. 현재 84퍼센트이므로 거의 위험한계에 도달했다.

토지 이용은 산림, 초원, 습지와 기타 식생 영역이 농경지나 도시로 바뀌면서 변화하고 있다. 특히 숲은 탄소를 흡수하고, 생물 다양성을 위한 서식지를 제공하며, 물을 보존하고 조절한다. 토지 이용의 위험한계는 자연적인 숲의 조성 비율로 정해졌으며, 불확실 영역은 54~75퍼센트이다. 현재 자연 숲은 62퍼센트만 남아 있으므로 불확실 영역에 속해 있다.

민물은 관개, 산업용수와 식수 등으로 사용되어 인간의 영향을 크게 받는다. 이 영향으로 세계 강물의 약 4분의 1은 바다에 도달하지 못한다. 앞으로 더욱 물 부족에 시달릴 것으로 예상하며, 인류가 민물 관리 체계에 개입하려는 압박이 더욱 거세질 것이다. 민물 위험 수준은 인간이 이용하는 강물, 호수, 지하수의 양으로 정해졌으며 불확실 영역은 매년 4,000~6,000세제곱킬로미터다. 생태계의 붕괴를 초래할 가능성을 피하려면 현재 수준인 2,600세제곱킬로미터에서 정지해야 한다.

생물 다양성 감소는 인간이 필요로 하는 토지와 천연자원의 수요 때문에 발생한다. 자연적인 종의 손실은 매년 100만 종당 0.1~1종이다. 오늘날 멸종률이 매년 100만 종당 100종 이상을 웃돌고 있다. 멸종률의 불확실 영역은 매년 100만 종당 10~100종이므로 이미 고위험 영역에 도달했다. 생물 다양성 감소는 다른 위험한계들과 달리 불확실 영역에서도 복원력이 작동하지 않아 더욱 비극적이다. 한 번 사라진 종은 영영 되살릴 수 없기 때문이다.

질소 고정은 자연에서보다 공장에서 더 많이 이뤄진다. 곡물 수확량을 늘리기 위해 비료를 지나치게 사용해 질소와 인이 작물에는 일부 흡수되고 나머지는 호수나 바다로 흘러든다. 이에 따라 식물성 플랑크톤이 과다 번식해 적조나 녹조 현상이 발생하고, 산소 결핍 사태가 일어난다. 매년 인위적으로 생산하는 질소 6,200만~8,200만 톤과 인 620만~1,120만 톤이 불확실 영역이다. 이미 질소와 인이 이보다 많이 배출되고 있어 고위험 상태에 빠졌다.

지구위험한계는 요소들을 단순히 겹쳐 쌓는 것만으로는 충분하지 않다. 우리는 환원론적으로 과학을 수행하지만, 지구는 전체가 하나로 반응한다. 그러므로 실제는 지각된 부분들의 합과 다르다. 더하기가 아니라 곱하기로 영향을 주는 것이다. 예를 들어 기후변화가 위험한계를 넘어서면, 수온 상승과 해양 산성화로 이어져 산호초가 파괴되고 물고기도 영향받는다. 생물 다양성과 물의 이용은 결정적으로 기후변화에 달렸다. 그리고 기후계와 생물 다양성의 최종 상태는 민물의 양, 토지 이용, 질소와 인의 흐름이 작용한 결과가 곱해져 결정된다. 즉, 모두는 하나를 위한 것이고 하나는 모두를 위한 것이다. 그러므로 어느 한 가지 지구위험한계에 치중하기보다 모든 한계가 안전한 운영 공간에 머무르도록 통째로 관리해야 한다.

지구위험한계를 관리하는 것은 우리가 아플 때 체온을 관리하는 것과 같다. 체온이 42도 정도 되면 우리 몸은 고위험 상태에 도달한다. 그 경계를 넘어서면 생존자가 아니라 사망자로 바뀔 수 있다. 그러므로 산 상태와 죽은 상태 간의 한계인 42도에 도달하기 전에 조치해야 한다. 우리는 체온이 올라서 머리가 아프면, 일하지 않고 쉬거나 약을 먹는 등 정상 체온을 유지하려 한다. 지구위험한계도 고위험 영역에 진입하기 직전인 불확실 영역에서 사전 예방을 해야만 한다.

보호난간이 우리가 가는 길을 막기 위한 것이 아닌 것처럼 지구위험한계도 인간 활동을 제한하자는 게 아니다. 그것은 운동 경기 규칙이 최고 기량의 선수를 더욱 빛나게 하는 것과 마찬가지다. 규칙 안에서만 선수는 창의성과 역량을 발휘할 수 있다. 지구위험한계를 인식한다면 우리는 창의적인 방안을 모색하게 될 것이다.

고대 그리스 올림픽에서는 인간에게 불을 선물한 프로메테우스에게 감사를 표현하기 위해 경기장에 불을 피워놓았다. 오늘날 새로운 불인 화석연료는 인류 문명의 동력이므로 우리는 화석연료에 감사해야 한다. 그러나 이로 인해 위험이라는 판도라 상자가 열렸다.

우리는 무한한 욕망의 끝을 향해 달려가다가 그 마지막에 멸망할 수도 있다. 그러나 우리는 자기 결정 능력을 지닌 종으로서 욕망을 억제해 미래에도 생존할 수도 있다. 상반되지만 밀접하게 얽힌 이 두 힘을 어떻게 조화시키느냐가 미래를 결정할 것이다. 미래에도 지속할 수 있으려면 지구위험한계는 여러 돌파구 중 '하나'가 아니라 '유일한' 길이 될 것이다.

지구는 스스로 뜨거워질 수 있다

우리가 온실가스를 계속 배출하면 지구는 한순간 '찜통 지구Hothouse Earth'에 진입한다. 찜통 지구는 지구가 스스로 온실가스를 배출해 기후변화를 증폭시키는 상태를 말한다.

이렇게 되면 '티핑 포인트tipping point'를 넘게 된다. 물이 가득 찬 컵에 물방울이 한 방울씩 떨어지면 물 높이가 컵 높이 위로 서서히 올라간다. 그러다가 마지막 더해진 한 방울에 컵보다 높아진 물이 한꺼번에 무너진다. 이처럼 미미하게 진행되는 듯하다가 어느 순간에 전체 균형이 깨져버리는 상태가 되는 시점을 티핑 포인트라 한다.

이산화탄소는 대기오염 물질처럼 잠시 있다가 사라지는 게 아니라 차곡차곡 쌓인다. 온난화 '난로'를 계속 켜놓고 사는 셈인데 매년 공기 분자 100만 개당 이산화탄소 두 개씩을 온난화 난로에 더 집어넣어 화력을 점차 키우고 있다. 하지만 기온은 이산화탄소 축적량에 비례해서 상승하지 않는다. 지구온난화를 일으키는 요인은 온실가스 배출만이 아니기 때문이다. 지구는 복잡 시스템으로 그 안의 모든 것이 다른 모든 것과 서로 연결되어 되먹임 작용을 한다. 음의 되먹임은 기온 상승을 둔화시키는 복원력으로 작용하는 반면, 양의 되먹임은 기온 상승을 증폭시킨다.

지금까지 지구는 인류가 배출한 이산화탄소가 가한 충격을 스스로 흡수해왔다. 배출된 전체 이산화탄소량에서 육상식물이 30퍼센트, 해양이 23퍼센트를 흡수해 대기 중에는 약 47퍼센트만 머무른다. 또한 바다가 온실가스로 인한 열기의 90퍼센트 이상을 흡수한다. 이처럼 지구는 충격이나 교란이 일어났을 때 불안정한 상태를 회복시킬 수 있는 복원력을 가지고 있다.

지구는 끝없는 인내심과 수용력을 가지고 있어 기후변화 충격에도 잘 굴러가는 것처럼 보일 수 있다. 그러나 열 받는 상황에서는 누군가 한두 마디 더 약을 올리면 한순간 폭발하기 쉬운 것과 마찬가지로, 지구도 온실가스라는 외부 충격으로 열 받은 상태에서 한계를 넘어 온실가스가 더해지면 열을 자체적으로 증폭시킨다. 즉, 티핑 포인트에 도달하면 '음의 되먹임'이 '양의 되먹임'으로 방향을 틀게 되어 복원력을 상실한다. 지구시스템 내부에는 양의 되먹임으로 기후변화를 증폭시킬 수 있는 여러 가지 '티핑 요소tipping element'가 있다.

파리 기후변화협약 수준(1~2.9도) 이상으로 기온이 상승하면 티핑 요소인 그린란드 빙하, 남극 서부 빙하와 여름철 북극 해빙이 감소한다. 해수면을 약 7미터 높일 수 있는 그린란드 빙하와 3~4미터 높일 수 있는 남극 서부 빙하가 불안정해지고 있다. 또한 북극해 위에 떠 있는 해빙의 여름철 최소 면적이 1979년 이후 10년에 13.3퍼센트씩 줄어들고 있다.

빙하는 반사도가 높기 때문에 내리쬐는 태양 빛의 대부분을 다시 우주 공간으로 반사해 지구가 뜨거워지는 것을 막는다. 하지만 지구가 온난해짐에 따라 빙하가 녹게 되고, 그 결과 어두운 색의 육지와 해양이 드러난다. 그러면 태양에너지가 지구에 더 많이 흡수되어 결국 온난화를 강화하는 양의 되먹임이 일어난다.

바다는 수온이 상승하면 이산화탄소를 흡수하는 능력이 떨어진다. 탄산음료가 따뜻해지면 거품이 더 빨리 빠져나오듯 바다도 차가울 때보다 따뜻할 때 함유할 수 있는 이산화탄소량이 더 적어지기 때문이다. 이산화탄소가 대기를 덥히면 바다도 함께 따뜻해져서 바다가 흡수할 수 있는 이산화탄소의 양이 적어진다. 이에 따라 대기 중 이산화탄소 농도가 더 높아지는 양의 되먹임이 일어난다.

지구 평균 기온이 3도 이상 따뜻해지면, 다음 단계의 티핑 요소인 대서양 순환 변화와 숲 파괴가 일어날 수 있다. 대서양 해류는 전 세계 해양에 걸쳐 흐르는데, 열과 염분을 수송하고 대기 중 이산화탄소를 흡수한다. 그린란드 빙하가 녹으면 북극해의 염분 농도가 낮아져 대서양 순환에 영향을 미친다. 이 거대한 해류 흐름이 변화되면 세계 곳곳에서 기상 이변이 발생한다. 또한 남반구 해양에서는

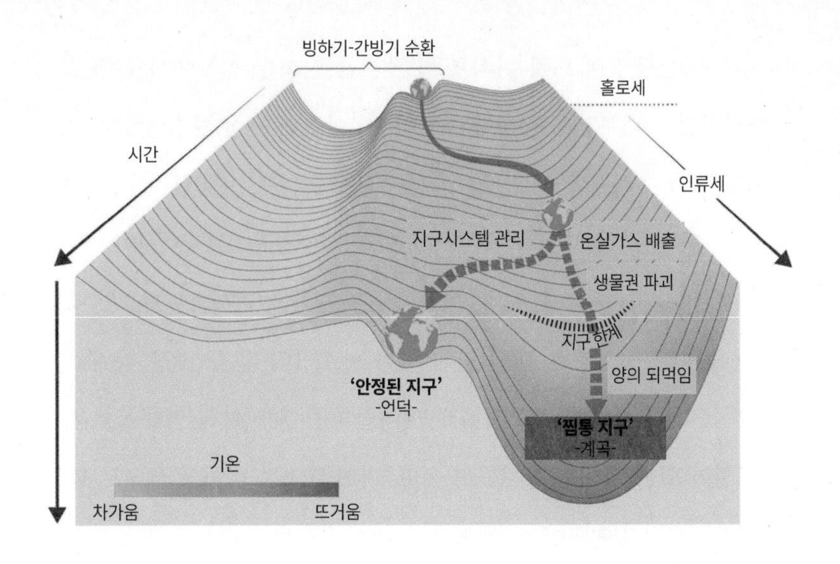

지구시스템 경로. 지구는 빙하기-간빙기 순환에서 벗어나 인류세에 진입했다. 지구 평균 기온이 2도 이상 상승하면 '찜통 지구'에 빠지는 비가역 경로를 따른다. 또 다른 경로는 '안정된 지구'에 들어가는 경로다. 수직축은 잠재 에너지의 역수로 안정성을 나타낸다. 찜통 지구 상태인 계곡에 일단 빠지면 잠재 에너지가 낮아 다시 빠져나오려면 큰 에너지가 필요하다. 안정된 지구 상태인 언덕에서는 잠재 에너지가 높아 작은 충격을 받아도 계곡으로 떨어질 수 있다. 출처: Will Steffen et al., 2018

열을 축적해 남극의 동쪽 빙하를 수백 년에 걸쳐 녹일 수 있다.

산불과 삼림 벌채로 배출되는 이산화탄소는 이미 인류가 배출하는 양 중 약 12퍼센트를 차지한다. 숲이 파괴되는 경우 나무가 이산화탄소를 흡수할 수 없을 뿐만 아니라, 썩을 때나 탈 때 나무가 저장했던 이산화탄소를 다시 배출한다. 아마존 열대우림은 기후변화와 벌채로 급격하게 파괴되고 있으며, 토양에 풍부하게 고정되어 있던 탄소가 미생물에 의해 분해되어 이산화탄소로 대기에 배출될 수 있다. 북반구 고위도에 위치한 아한대 숲은 육상 식물에서 흡수한 이산화탄소 대부분을 저장하고 있다. 이 아한대 숲이 기후변화의 결과로 증가한 해충과 산불 때문에 파괴되고 있다.

북반구 고위도가 지속해서 온난화되면 영구동토층이 녹는 티핑 포인트가 발생할 수 있다. 북반구 육지 면적의 거의 4분의 1을 차지하는 영구동토층은 대기 안에 있는 탄소량의 약 두 배를 가지고 있다. 지구온난화가 2도 이하로 일어난다면, 대부분의 영구동토층은 얼어 있는 상태를 유지할 것이다. 이때 탄소는 비활성 상태로 토양에 고정된다. 반면 영구동토층이 녹을 경우에는 미생물 활동으로 유기물질의 분해가 증가해서, 이산화탄소와 메탄이 대기 중에 방출된다. 특히 이산화탄소 배출량을 줄이지 않는 경우 기온이 5도 이상 상승해 금세기 말에 영구동토층을 광범위하게 파괴할 것으로 전망한다. 이때 영구동토층에서 배출되는 탄소량이 식생이 흡수하는 탄소량보다 많아진다. 즉, 지구온난화로 영구동토층이 녹아 온실가스가 배출되면 온난화가 더욱더 강화되는 양의 되먹임이 이어질 것이다.

파리기후변화협약 수준의 기온 상승만으로도 연속적으로 티핑 요소를 자극할 수 있다. 도미노처럼, 한 번 넘어지면 중간에 정지하는 것은 불가능해진다. 우리가 이산화탄소 배출을 멈추더라도 숲, 바다와 영구동토층이 탄소 흡수원에서 배출원으로 바뀌는 찜통 지구가 되기 때문이다. 즉, 지구는 탄소를 저장하는 아군에서 탄소를 대기에 배출하는 적군으로 전환된다. 지금 온난화 수준은 우리가 대응할 수 있지만, 일단 찜통 지구가 되면 이산화탄소 배출량을 줄이려는 우리 노력은 쓸데없게 된다.

2018년 7월 독일, 스웨덴, 덴마크, 호주의 기후과학자 16명이 미국 국립과학아카데미Proceedings of the National Academy of Sciences, PNAS 회보에 발표한 논문에서, 찜통 지구에 진입하면 지구 평균 기온이 4~5도 상승하고 해수면이 10~60미터 높아질 수 있다고 주장했다. 이는 우리가 통제할 수 없는 상황이 된다는 것을 의미한다.

찜통 지구에서는 기후에 의존하는 하부 체계도 위험에 처한다. 대표적인 예로 농업은 예측 가능한 기온과 강수량에 의존하기 때문에 기후변화에 취약하다. 현재 각 지역에서 산출되는 곡물량의 증가와 감소가 세계적으로 대략적인 균형을 이룬다. 그러나 찜통 지구에서는 농업 생산량이 전반적으로 감소해 식량 위기가 올 수 있다. 이에 따라 기아가 발생하고 불안정한 사회가 되어, 대량 이주로 이어져 국가 간 갈등이 증가할 수 있다.

세계의 연안 지역, 특히 저지대 삼각주와 그에 인접한 연안의 바다 및 생태계는 인류의 삶에 매우 중요하다. 이 지역에 세계 인구의 대부분이 살고, 대도시 대부분이 위치해 국가 경제와 국제 무역에서 필수적인 부분을 담당한다. 찜통 지구는 연안 저지대에 홍수와 폭풍 해일로 인한 침수 위험을 증가시킨다.

이처럼 자연만 통제할 수 없는 게 아니라 정치, 경제와 사회도 급속하고 심각한 변화와 불확실성으로 통제할 수 없게 된다. 즉, 우리 운명을 우리가 결정하지 못하고 지구에 완전히 넘겨주게 된다. 지금까지의 기후와 지구환경에 적합하도록 만들어진 대부분의 체계가 무력해지기 때문이다.

기후변화의 원인과 결과 사이의 인과관계가 단선적으로 비례하지 않으므로 찜통 지구에 도달했다는 것은 '일이 일어난 다음'에야 분명해진다. 이러니 우리는 경고 신호를 너무 늦게 알아차리기 십상이고, 그러는 만큼 적시에 대응하기가 쉽지 않다. 너무 늦을 때까지 완전히 이해하지 못할 수도 있는 복잡한 지구시스템에 우리는 더 민감하고 능동적이어야 한다.

기후변화의 징후를 읽어낼 의지가 없거나 그런 능력이 없는 사회, 오히려 과학의 경고를 무시하려는 사회에서 화석연료에 기반을 둔 경제 개발은 거침없이 앞만 보며 내달린다. 이로 인해 기후변화의 티핑 포인트를 앞에 두고 위기를 맞고 있는 이때, 우리에게는 올바른 인식의 티핑 포인트가 필요하다.

시간은 우리 편이 아니다

인류는 자연에 영향을 줄 수 있지만, 그 영향을 통제할 수는 없다. 즉, 인류가 일으키는 기후변화가 임계 수준을 넘어가면 인류는 자연환경을 통제할 수 없는 파국에 빠지게 된다. 이에 대응하기 위해 2015년 12월 파리기후변화협약에서 산업혁명 이전보다 지구 평균 기온 상승을 2100년까지 2도 이내로 안정시킨다는 목표를 잡았다.

2018년 노벨 경제학상을 받은 예일대학교의 윌리엄 노드하우스William Nordhaus 교수는 2도 문턱값(임곗값)을 1977년 「경제성장과 기후: 이산화탄소 문제」라는 논문에서 처음 제안했다. 그는 "지구 평균 기온이 2~3도 이상 높아지면 지난 수십만 년 동안 관측된 범위를 벗어난 기후다"라고 언급했다. 2도 이내로 제한하는 정책 목표는 1990년대에 이르러 독일에서 처음 추진되었고, 이후 유럽 집행위원회European Commission, G8, 미국 국립과학아카데미National Academy of Sciences에서 안건으로 다루어졌다. 2009년 UNFCCC 코펜하겐 회의에서는 기온 상승이 2도 이하로 유지되어야 하는 과학적 견해를 인정했다. 하지만 각국은 구속력 있는 약속을 꺼리고 비용 분담을 우려했기 때문에 배출량을 제한하기 위한 실질적인 합의는 하지 못했다. 6년 후 UNFCCC 파리 회의까지 기다려야 했다.

그 후 새로운 기후변화 연구는 2도조차 매우 위험하므로 1.5도로 제한해야 극단적인 기후변화를 피할 수 있다고 결론내렸다. 이에 따라 2018년 10월 인천에서 열린 기후변화에 관한 정부 간 협의체 총회에서는 산업혁명 이전 수준보다 1.5도 이내로 지구온난화를 제한해야 하는 이유와 그 방안을 특별보고서로 발표했다.

일교차가 큰 가을에 하루 동안 20도 차이가 나도 우리가 생존하는 데 어려움이 없다. 그런데 왜 미미해 보이는 1.5도 또는 2도에 민감하게 대응해야 하는가? 기온 상승은 지구가 열병을 앓고 있음을 보여주는 지구의 건강 지수다. 마치 우리 체온이 몸 상태를 나타내는 지수인 것과 같다. 정상에서 1도를 넘으면 미열이 발생하고 1.5도를 넘으면 치료를 받아야 한다. 지구도 마찬가지다.

현재 지구온난화가 일어나 1도 정도 상승했는데도 곳에 따라 극단적인 기상 현상이 발생해 기후변화를 감지할 수 있다. 1.5도 이상으로 상승하면, 극단적인 기상 현상이 언제나 세계 모든 곳에서 발생할 수 있다. 현재 10년마다 거의 0.2도씩 데워지므로 탄소 배출량을 줄이지 않는다면, 2040년경에 기온 상승이 1.5도에 달할 것이다.

1.5도에서 2도까지 상승하면, 그 영향이 같은 비율로 단순히 커지지 않는다. 그 대신 작은 변화가 다시 원인을 키워 큰 변화를 일

으키는 '양의 되먹임'이 시작돼 지구를 근본적으로 불안정하게 만든다. 이때 지구는 자체 변동을 통해 제자리로 돌아올 수 있는 탄성력을 잃게 된다. 스프링은 조금 늘렸다 놓으면 제자리로 돌아오지만, 너무 많이 당기면 제자리로 돌아오지 못하는 특성과 같다. 2도를 넘게 되면, 지구는 오늘날 문명을 건설할 수 있는 기후 조건을 제공했던 지난 1만 2,000년 동안의 안정한 홀로세 기후로 돌아갈 수 없게 되는 것이다.

2018년 IPCC 특별 보고서는 지구온난화를 1.5도로 제한할 경우, 2도 상승과 비교해 영향력 차이를 분석했다. 여름철 북극 해빙은 1.5도 상승하면 1세기에 한 번씩 사라지지만, 2도에서는 10년에 한 번씩은 완전히 없어질 것으로 예상한다. 산호초는 1.5도 온난화하면 70~90퍼센트 감소하지만, 2도에서는 사라질 것이다. 그리고 기후에 적합한 영역을 절반 이상 상실할 식물은 1.5도 상승하면 8퍼센트지만, 2도에서 16퍼센트가 될 것으로 전망한다.

지구온난화를 1.5도 이내로 막으면 2도 상승하는 것에 비해 인류에 닥칠 기후변화 위험을 크게 줄일 수 있다. 해수면 상승이 10센티미터 낮아져 피해를 볼 사람이 1,000만 명이나 줄어들 것이다. 물 부족으로 고통받는 사람들의 수와 열대지방의 옥수수 생산량 손실을 절반으로 줄일 수 있다. 극심한 폭염에 노출되는 사람도 약 4억 2,000만 명 줄어들 것으로 전망한다. 그리고 세계 전체의 어획량은 2도 상승할 때 연간 약 300만 톤 감소하는데, 1.5도에서는 그 절반인 150만 톤만 감소한다.

1.5도라는 목표를 달성하려면, 온실가스 배출량은 2030년까지 2010년 수준에서 45퍼센트로 줄여야 하며, 2050년에는 순 제로net zero에 도달해야 한다. 순 제로는 특정한 기간에 이산화탄소의 인위적 배출량이 인위적 흡수량과 균형을 이루는 것을 의미한다. 이를 위해 2050년까지 석탄 발전을 거의 중단해야 한다. 재생에너지가 1차 에너지 공급의 50~65퍼센트, 전기 사용량의 70~85퍼센트를 공급해야 한다. 그리고 산업계의 온실가스 배출량은 2050년에 2010년 수준의 75~90퍼센트 수준으로 낮추어야 한다. 이것은 석기시대가 돌이 모자라서 끝난 것이 아닌 것처럼, 화석연료가 있어도 쓰지 않는 새로운 시대로 가야 함을 의미한다.

2018년 IPCC 특별 보고서는 기후변화 대응이 불평등과 빈곤 퇴치라는 문제와 함께 연계되어야 한다고 밝혔다. 세계적으로 가난한 지역일수록 기후변화에 크게 영향을 받을 것으로 전망된다. 세계 빈민층의 대부분이 자급자족 농업에 의존하고 있기 때문이다. 이로 인해 기후변화가 국가 간 불평등을 증가시킨다. 1.5도 이내로 상승을 제한하면, 2도에 비해 빈곤에 직면하게 될 인구를 수억 명 줄일 수 있다.

파리 기후변화협약에서 각국이 자발적으로 서약한 온실가스 감축 목표를 지킨다 해도 2100년에는 기온 상승이 3도가 될 예정이다. 2도 안정화 목표를 달성하는 것도 쉽지 않은데, 1.5도로 제한하는 것은 더욱더 어렵다. IPCC 특별보고서는 0.5도 더 낮추려는 목표는 모든 측면에서 광범위하며 전례 없는 변화를 의미한다고 주장했다. 이 일은 지금부터 시작해야 하며 향후 10~20년 이내에 새로운 체계를 만들어야 한다. 2020년대가 지구의 심각한 파괴를 막을 수 있는 인류의 마지막 기회이며 그 책임이 우리 세대에 맡겨졌다.

지구 규모는 아니지만, 이미 국가 규모로 짧은 기간에 전체 시스템을 바꾸어본 역사가 있다. 제2차 세계대전 당시 미국의 전시 체계가 그 성공적인 예다. 이에 견준다면 기후변화 대응 대전환에 필요한 10년은 불가능한 시간이 아니다.

IPCC 특별 보고서는 목표 1.5도를 달성하려면, 2035년까지 연간 총 투자액이 2.4조 달러(2,713조 원)에 이를 것으로 추정했다. 총 에너지 관련 투자는 2도보다 1.5도에서 약 12퍼센트 높으며, 저탄소 에너지 기술과 에너지 효율에 관한 연간 투자는 2050년까지 2015년에 비해 약 다섯 배 더 필요할 것으로 보고 있다. 이처럼 지금 당장 배출량을 줄이는 데는 비용이 많이 들지만, 금세기 후반 기후변화 피해가 본격적으로 발생하는 상황에서 이산화탄소를 제거하는 비용보다는 적을 것으로 분석했다.

스탠퍼드대학교 마셜 버크Marshall Burke 교수는 2017년 5월《네이처》에 온실가스 저감으로 인한 경제적 이익이 이전에 믿어온 것보다 훨씬 더 크다는 논문을 발표했다. 기온이 낮아지면 생산성을 유지하고 증가시키는 데 도움이 되며, 탄소 배출을 줄이면 대기 오염, 특히 오염먼지나 그을음을 줄여 건강에 이익이 된다고 분석했다. 지구온난화를 2도가 아닌 1.5도로 유지하면 세기말까지 20조 달러 이상을 절약할 수 있으며, 세계적으로 불평등이 감소할 수 있다고 전망했다. 하지만 기온 상승 2도를 넘어서면 세계 경제의 생산량이 상당히 줄어들 수 있음을 보였다.

이처럼 기후변화에 대응하는 것은 인간에게 유익하지만, 대응이 제대로 이루어지지 않는다. 기후변화는 원인과 결과 간의 시간적 간격이 여러 세대에 걸칠 정도로 크고, 감각적으로 느끼기도 어렵다. 그나마 우리가 쉽게 알 수 있는 기후변화는 사람이 많이 살지 않는 극지방과 지대가 낮은 섬에서 주로 일어난다. 그래서 문제를 간과하거나, 그 문제를 극복하려는 시도를 후일로 미루기 쉽다. 1990년대부터 세계적인 기후변화에 대응하려는 논의가 시작되었지만, 실제로 온실가스 농도는 계속해서 높아지고 있다.

우리나라는 세계에서 일곱 번째로 온실가스를 많이 배출하고 있으며, 10년 전부터 기후변화 대응을 본격적으로 추진했으나 구호만 요란할 뿐 배출량이 지속적으로 늘어나는 나라다. 정부의 기후변화 정책 목표는 의도만 표했을 뿐, 실제 해야 하는 일을 뒤로 미루었기 때문이다. 다시 말해 정부는 우리가 거부감을 느낄 만한 힘든 일을 하지 않았다.

수십 년 전까지만 해도 시간은 우리 편이었다. 온실가스 배출량을 그 당시 줄였더라면 지금 우리가 줄여야 하는 배출량 규모는 훨씬 적었을 것이다. 하지만 우리는 과학을 무시했고 우리 앞에 놓인 합리적 선택을 외면했다. 뜨거운 물에 개구리를 집어넣으면 개구리는 본능적으로 튀어나와 목숨을 구하지만, 차가운 물에 집어넣고 천천히 물을 데우면 개구리는 무슨 일이 벌어지고 있는지 깨닫지 못하다가 결국 죽는 것과 같다.

이제는 시간이 우리 편이 아니다. 인류 문명과 자연 생태계의 지속 가능성을 가르는 문턱값이 기온 상승 1.5도다. 안정된 시기에는 성실한 것만으로 충분하지만, 변화의 시기에는 감각이 더 중요하다. 그 감각의 중심에 1.5도라는 목표가 놓여 있다.

물이 부족하면 배가 고파진다

생명 탄생 이후, 대략 33억 년 동안 생명체는 오직 바다에만 머물렀다. 4억 7,000만 년 전 다세포 생물이 육지로 올라왔지만, 여전히 바다와 육지를 오가는 물 순환과 연결되어 있다. 육상 생명체는 '물을 안정적으로 확보할 수 있느냐'가 생존 조건이기 때문이다. 가장 먼저 육상으로 진출한 양서류는 물과 뭍, 양쪽에서 살아간다. 이후 수분이 증발하지 않도록 알을 낳는 양막류에 이르러서야 육상에 완벽하게 적응했다.

최근 등장한 인류도 몸의 60~70퍼센트가 물로 이루어져 있다. 사람이 자신이 가지고 있는 물의 2퍼센트를 잃어버리면 그때부터 갈증을 느끼기 시작하고 15퍼센트 정도의 물을 잃으면 죽음을 넘나들게 된다. 물을 마시지 않으면 일주일도 버티지 못하고 죽는다. 그래서 인류는 자연에서 물을 끌어올 뿐 아니라 관개 시설, 댐과 상하수도 같은 엄청난 구조물을 만들어 물을 확보했다.

지구가 농구공 크기라면 지상의 모든 물은 탁구공 크기에 해당한다. 지구의 약 70퍼센트가 물로 덮여 있지만, 이 물의 97.5퍼센트는 짜서 마실 수 없다. 단지 2.5퍼센트만이 민물이며, 이 중 68.9퍼센트가 빙하에 갇혀 있고 30.9퍼센트는 지하에 묻혀 있고 약 0.3퍼센트만이 호수와 강에 각각 머물고 흐르며 약 0.05퍼센트는 대기가 머금고 있다. 오늘날 인류는 이용 가능한 담수의 절반 이상을 이미 사용하고 있으며 이것은 전 지구 물의 약 0.01퍼센트다.

물은 시시각각 움직인다. 즉, 구름은 모였다가 흩어지고, 강물은 흐르고, 해양은 느리게 선회한다. 물은 하늘, 땅과 바다에 있는 저장소를 계속해서 옮겨 다니며 순환한다. 바다에서 증발한 수증기가 바다로 되돌아오는 물 순환은 대략 10일이 걸린다. 기후변화는 지구 규모로 물 저장소와 순환에 변화를 일으킨다. 이것은 생태계를 풍요롭게 하고 곡식을 자라게 하고 문명을 지속시키는 물 공급에 치명적인 영향을 미칠 수 있다.

지구온난화가 일어나면 지구적으로 해양 증발량이 많아져 강수량도 증가하지만, 그보다 더 큰 영향은 대기와 해양 간의 물 순환을 더욱더 빠르게 하는 것이다. 이 때문에 일정하게 내리는 비는 줄어들고 집중호우는 많아진다. 집중호우가 쏟아지면 하천 유출량이 커져, 물을 저장하고 사용할 수 있는 효율이 낮아지고 경작지의 토양 침식이 커진다. 반면 공기가 하강하는 지역인 건조지역은 더욱 건조해져 가뭄 가능성이 훨씬 커진다. 2012년에 발간된 IPCC 특별보고서에서 현재 20년에 한 번 발생하는 기록적인 집중호우와 가뭄이 앞으로는 각각 5년과 2~5년마다 발생할 것으로 전망했다.

산악지대 빙하와 설원에서 녹아내리는 물이 세계 여러 건조지대의 주요 담수원이다. 세계 인구의 25퍼센트는 물을 산악 빙하에서 얻고 있다. 겨울철 내린 눈이 얼음으로 있다가 여름철에 녹아 흘러 곡식을 자라게 한다. 온난화는 산악 빙하를 녹여 단기적으로 물 공급을 증가시키지만, 이 빙하가 다 녹아버리면 물 공급이 끊기게 된다. 아프리카 킬리만자로에 빙하가 사라져 이에 의존하는 동아프리카 사람들이 1년 내내 담수를 공급받는 중요한 원천을 잃어버렸다. 히말라야 빙하에서 녹은 물은 갠지스강, 인더스강, 메콩강, 양쯔강, 황허로 흘러들어 중국, 인도 등 아시아 여러 나라의 엄청난 사람에게 식수와 농업용수를 공급한다. 히말라야 빙하를 잃어버린다면, 10억이 넘는 인구가 의존하고 있는 주요 담수원이 결정적 타격을 입게 된다는 의미다.

아시아 몬순monsoon(계절풍)의 변화도 인류에게 큰 고통을 줄 수 있다. 매년 약 100일 동안 몬순 비가 아시아 전역에 내린다. 이 비로 세계 인구의 절반을 부양하는 식량을 재배한다. 몬순의 강도와 위치가 변화되면 지금까지 안정적으로 유지되어왔던 아시아 식량 생산에 파국이 일어날 수도 있다.

세계은행World Bank은 20세기가 석유 분쟁의 시대였다면 21세기는 물 분쟁의 시대가 될 것이라고 전망했다. 석유는 신재생에너지로 대체할 수 있지만, 물은 그 무엇으로도 대체할 수 없으니 더 심각한 셈이다. 세계 물 수요는 앞으로 14년 안에 55퍼센트 증가할 것으로 예상하지만, 수자원은 필요량의 60퍼센트만 충족시킬 수 있다. 2015년에 발간된 유엔 보고서에서는 이 격차를 해결하지 않으면 "세계는 더 심각한 물 부족에 직면하게 될 것"이라고 경고했다.

2012년 IPCC 특별 보고서는 현재 세계 약 10억 명이 물 부족 상태에 있다고 추산했다. 물 부족은 분쟁의 위험을 증가시킨다. 영어로 경쟁자를 뜻하는 '라이벌rival'이라는 단어는 강을 뜻하는 '리부스rivus'에서 유래했다. 경쟁은 제한된 물을 사용하기 위한 싸움에서 시작된 것이다. 목마름과 배고픔 앞에서 사람들은 살아남기 위해 모든 일을 한다. 필사적으로 싸우거나 국경을 넘게 된다. 최근 들어 가뭄이 발생한 수단과 시리아에서 이미 이런 일이 일어났다.

우리나라의 물 변화를 국립기상과학원에서 분석했다. 강수량은 지난 100년간 약 19퍼센트 증가했는데 그 이유는 여름철 집중호우가 많아졌기 때문이다. 2013년에 발간된 IPCC 5차 보고서에 참여한 16개 기후변화 예측모형은 앞으로 100년 동안 우리나라 강수량이 7~13퍼센트 증가할 것으로 전망했다. 그렇다면 우리나라는 물 걱정을 안 해도 되는 걸까?

강수량도 증가하지만, 하천 유출량도 증가하며 다른 계절에 비해 여름철 유출량이 커질 것으로 전망된다. 이는 비가 더 많이 온다 해도 활용할 수 있는 물이 더 많아지지는 않는다는 걸 의미한다. 그리고 하천에 물이 많아진다고 해서 땅이 촉촉해지지는 않는다. 지상 기온 상승으로 지표 증발량이 많아져 지표 토양은 현재보다 더욱 건조해져 1년생 농작물의 피해가 커질 가능성이 있다. 즉, 같은 시공간에 속하는 하천에서는 홍수 위험이, 경작지에선 가뭄 위험이 커지는 상반되는 극한 현상이 예상된다.

우리나라는 연평균 강수량이 세계 평균보다 많지만 인구가 많아 물 부족 국가로 분류된다. 그런데도 물 부족을 심각하게 체감하지 못하는 것은 많은 양의 식량을 수입하기 때문이다. 농축산물의 생산·유통·소비·폐기 과정에 간접적으로 들어가는 물, 즉 '가상수Virtual Water'는 눈에 보이지는 않지만, 식량 무역을 통해 세계 여러 나라를 이동한다. 예를 들어, 밀 1킬로그램을 생산하는 데 물 1,500리터, 쌀 1킬로그램에 3,400리터, 쇠고기 1킬로그램에 1만 5,000리터가 사용된다. 수입된 농축산물량에 가상수를 곱하면 외국에서 수입된 물의 양이 산출된다.

국토교통부 보고서에 따르면 농산물의 경우 1992~2007년 가상수의 연평균 수입량이 288억 톤으로 수출량 17억 톤과 비교해 271억 톤이 더 많았다. 이는 국내에서 사용되고 있는 농업용 물 소비량 125억 톤보다 더 많은 양이다. 우리나라는 일본, 이탈리아, 영국, 독일에 이은, 세계 5위의 가상수 순수입국이다. 즉, 우리의 생존은 다른 나라의 물에 달려 있다.

이는 우리가 배고프지 않기 위해 우리나라의 물뿐 아니라 다른 나라의 물에도 의존하고 있음을 의미한다. 다른 나라에서 물이 부족해도 우리나라에 물 위기가 닥칠 수 있다는 뜻이다. 이때 물 부족은 '목마름이 아니라 배고픔'으로 다가올 것이다. 그러므로 우리나라가 식량을 수입하는 곳의 수자원에도 관심을 기울이고 대응해야 한다.

국제인구행동연구소Population Action International는 국가별 물 상태를 물 풍족, 물 부족, 물 기근으로 구분했다. 이는 실제 상태를 나타내는 것이 아니라 강우량, 국토 면적, 인구수로 계산한 분류다. 물 기근 국가인 이스라엘은 농산물 수출국이지만, 아프리카에 있는 물 풍족 국가에서도 많은 사람이 물 부족으로 고통받는 경우가 있다. 물 관리가 얼마나 중요한가를 보여주는 대표적인 사례다. 다시 말해 물 부족으로 고통받고 있다면, 부족한 것은 물의 양이 아니라 물 관리일 수 있다.

물 부족에 대해 전혀 대응하지 않을 때와 효과적인 물 정책을 수행할 때, 2050년 경제에 미치는 영향을 세계은행에서 분석했다. 동아시아(한국, 중국, 일본)에서 물 부족에 대응하지 않을 경우 GDP가 6퍼센트 감소할 것으로 전망했다. 반면 효율적인 물 정책을 수행하면 GDP가 2퍼센트 증가할 것으로 추정했다. 물 부족에 대응하려면, 물 사용을 최적화하고, 물 공급을 확대하고, 극한 기후의 영향을 줄이기 위한 정책을 수행해야 한다.

담수는 깨끗한 물만 제공하는 것이 아니라, 강을 통해 생명체와 문명이 남긴 온갖 더러운 것을 씻어내는 청소부의 역할도 한다.

앞으로 인구가 증가하고 경제가 성장함에 따라, 더 많은 양의 물을 사용하면서 수질오염도 심해질 것이다. 여기에 지구온난화로 수온이 상승해 녹조와 적조가 많이 늘어날 것이다. 물 소비와 오염 속도가 점점 빨라지고 커지고 있다. 따라서 물의 수요와 수질을 함께 관리해야 한다.

물은 생명체가 의존하고 있는 모든 물질을 순환시켜 생명력을 불어넣는다. 물 흐름은 물질 현상에서만 나타나는 것이 아니다. 인류는 물을 숭배하고 사랑하고 두려워했으며 물로 연결되고 물 때문에 갈등을 해왔다.

자연과 문명을 맞바꿔왔던 과거 방식이 결코 지속할 수 없다는 것은 분명하다. 우리는 물로 연결된 지구 생태계와 문명이 지속될 수 있도록 기후변화를 막아야 한다.

민주주의가 지구 위기를 예방한다

예전에 영국 광부들은 카나리아와 함께 광산에 들어갔다. 호흡기가 민감한 카나리아는 인간보다 유독가스에 빠르게 반응하므로 카나리아를 보고 닥쳐올 위험을 미리 감지할 수 있었다.

미국 외교정책포커스 소장인 존 페퍼John Feffer는 2008년에 「북한은 왜 지구 위기의 카나리아인가?」라는 논문을 일본 학회지에 실었다. 이 논문에서는 1990년대 북한에서 일어난 기아 사태를 다루었다. 앞으로 지구 위기도 북한과 같은 방식으로 일어날 가능성이 크다고 경고했다.

존 페퍼는 북한 농업이 1990년대에 붕괴한 것은 경작 방식의 후진성 때문이 아니라 선진성 때문이라고 주장했다. 북한은 석유를 기반으로 하는 농업이 발달한 편에 속했다. 위기가 발생하기 전까지 북한은 넉넉하지 않았지만 식량을 자급자족할 수 있었다. 1980년대 말 이전까지 옛 소련과 중국으로부터 석유를 매우 싸게 공급받고 있었기 때문이었다. 그러나 갑자기 싼 석유 공급이 끊기면서 석유가 부족한 세상을 살아가야만 했다.

석유는 농업 생산성에서 결정적인 요소다. 제2차 세계대전이 끝난 직후, 대략 20억 명이던 인구가 지금 75억 명 이상으로 늘어날 수 있었던 바탕은 단위 면적당 생산량을 2.5~3배 늘려준, 석유를 기반으로 한 농업이었다. 농업에 석유가 투입되지 않았다면 세계 인구 가운데 만성적인 영양실조에 걸린 사람의 비율이 지금보다 훨씬 높았을 것이다. 비료도 농약도 석유로 만들어진다. 논과 밭을 갈고, 씨를 뿌리고, 수확하고, 찧는 기계는 모두 석유로 움직인다. 이러한 작업을 할 때 노동력보다 석유가 싸기 때문이다. 석유는 온실 재배, 운반과 보관에도 빠질 수 없는 요소다. 크게 보면 석유도 식량의 범주에 속한다. 쉽게 말해서 우리가 먹는 한 공기의 밥을 만드는 건 대부분이 석유이므로 석유가 부족하면 배가 고파진다.

북한은 석유 부족으로 비료가 부족해졌고, 농기계를 사용할 수 없었기 때문에 결국 식량 생산이 감소했다. 이에 대처하기 위해 경사지의 나무를 베어 다락밭(계단밭)을 확대했다. 하지만 산림 생태계를 희생하고 조성한 다락밭은 지속할 수 없었고, 지력이 떨어지자 땅이 점점 황폐해졌다. 이렇게 산림이 훼손되어 큰비가 내리면 쉽게 산사태가 일어났고, 농경지까지 피해를 보게 되어 식량 생산에 피해가 심각했다.

이 상황에서 1995년 대홍수로 인해 급류가 겉흙을 쓸어가고, 논 경작지 자리를 돌과 나무가 덮쳐 40퍼센트 이상이 불모지가 되었다. 북한의 경제력으로는 석유 가격 상승, 기상재해, 식량 생산 감소라는 연속적인 세 차례 타격에 대처할 여력이 없었다. 결국 수많은 북한 동포가 끔찍한 배고픔에 시달려야 했다.

식량이 남아도는 우리나라의 곡물 자급률은 1990년 43퍼센트에서 현재 25퍼센트 아래로 떨어졌다. 북한은 여전히 식량난에 허덕이고 있으나 곡물 자급률은 75퍼센트를 오르락내리락한다. 우리는 부족한 70퍼센트 이상을 외국에서 사들일 경제력이 있는 데 반해, 북한은 부족한 25퍼센트를 보충할 여력이 없다. 이런 상황을 보면 자급률보다 구매 능력이 더 중요하니, 식량은 자동차와 휴대전화를 팔아 수입하면 된다고 생각할 수도 있다.

하지만 식량이 부족해지면 곡물 생산국은 수출 제한 조치를 취하고 소비국은 수입 확대 노력을 기울이면서 곡물 가격이 급등하고, 이는 다시 추가 수출 제한과 수입 확대로 이어지는 악순환의 고리가 만들어질 가능성이 높다. 식량 확보 경쟁이 격화되고 식량 자원 민족주의가 발발하는 것은 물론, 우리나라와 같은 식량 수입국에서는 물가 상승 압력과 정치적·사회적 불안으로 이어질 우려가 높다. 이미 지난 2010년, 러시아는 가뭄이 일어나자 밀 수출을 중단했다. 이에 따른 밀 가격 상승은 멀리 떨어진 북아프리카와 중동 국가에서 식량 폭동과 정치적 위기가 일어나는 원인이 되었다.

앞으로 세계 식량 사정은 어떨 것인가? 세계 전체 경작지는 1961년 이래 13퍼센트가 늘었지만, 세계 인구는 두 배 이상 늘었다.

그만큼 안정적으로 식량을 공급할 수 있는 여력은 줄어들었다. 현재 만성적인 굶주림에 시달리는 10억 명 이상에게 음식물을 충분히 제공해야 한다. 이에 더하여 인구가 금세기 중반에 90억 명, 말엽에는 110억 명에 이를 것으로 전망된다. 인구 증가에 맞춰 식량을 증산하지 않으면 기아에 시달리는 인구가 늘어날 수밖에 없다. 이런 도전은 대부분 가난한 나라에서 나타나므로 기후변화를 고려하지 않는다고 해도 달성하기 어려운 일이다. 그런데 여기에 더해 기후변화는 세계 식량 생산량을 감소시킬 가능성이 높다.

열대지방은 기온이 쌀이나 옥수수, 사탕수수 같은 곡물을 재배하기에 최적인 수준에 이미 근접해 있다. 이는 기온이 조금만 올라도 수확량이 급감할 수 있다는 뜻이다. 온대지방은 곡물이 자라는 기간이 늘어날 가능성이 있고, 위도상으로 더 높은 지역에서도 곡물을 재배할 수 있을 것이다. 하지만 극한 날씨, 더 길고 더 잦은 가뭄, 광범위한 산불이 늘어난 수확량을 앗아갈 수 있다.

기후변화 대응과 에너지 안보를 위해 바이오 연료 사용을 확대하고 있다. 인류가 농경과 목축에 활용할 수 있는 땅의 면적은 제한적이다. 하지만 바이오 연료용 식물을 키우는 데 경작지를 활용한다. 이는 기아로 고통받는 지구촌 사람들에게 식량으로 공급할 수 있는 옥수수 같은 곡물을 연료로 바꾸는 것이다. 농산물을 에너지와 맞바꾸는 셈이다. 사람이 먹을 것으로 에너지를 만드는 행위는 윤리적으로 위험한데도, 우리는 앞뒤 안 가리고 그 길을 가는 중이다.

또한 식량 위기는 도시화를 통해서도 일어날 수 있다. 이 지구에는 모든 인구가 60일 이상 먹을 만큼 충분한 양의 식량이 없다. 유엔식량농업기구FAO는 두 달분의 식량 비축을 권고하고 있으나, 도시에는 평균적으로 1주일 정도 먹을 수 있는 양의 음식만 있다. 우리나라 인구의 약 90퍼센트는 도시에 거주한다. 식량 위기 상황이 닥치는 경우를 대비해 낮은 식량 자급률과 함께 과도한 도시화도 함께 고민해야 한다. 안정적인 식량 확보와 함께 도시로 원활하게 식량을 전달하는 체계도 중요하기 때문이다.

기후변화는 독립적인 쟁점이 아니다. 이는 인류가 직면한 다른 주요한 문제의 맥락에서 인식되어야만 한다. 기후 문제는 인구 증가와 별개의 문제가 아니며 에너지 문제와도 긴밀하게 연결되어 있다. 물 이용 가능성은 결정적으로 기후에 달려 있으며, 생물 다양성도 마찬가지다. 기후 문제의 복잡성은 우리 삶의 모든 면에 적용된다. 이는 단순하게 개별적인 위험 때문에 발생하는 것이 아니라 위험이 더해질 때마다 피해가 비선형적으로 증폭되는 '퍼펙트 스톰Perfect Storm'으로 나타난다. 기후변화는 오랜 기간에 걸쳐 서서히 다가오지만, 어느 순간 다른 문제들과 합쳐 극단적으로 나타날 수 있는 위험이다. 이 위기는 대증적對症的 차원으로는 해결할 수 없고, 반드시 미리 대비하는 국가 전략적인 복합 해법이 필요하다.

북한의 경우에서 볼 수 있듯이, 석유 부족, 이로 인한 농업 생산성 저하, 여기에 기후변화로 인한 식량 생산 감소는 국가를 위기로 몰고 갈 수 있다. 그리고 기후변화는 단순히 폭염과 가뭄, 태풍과 홍수, 해수면 상승으로 인한 환경 난민의 문제뿐 아니라 석유와 식량, 식수를 확보하기 위한 국제적·지역적 갈등과 전쟁의 원인이 된다. 이에 대한 이해와 대비가 없으면 정치적이거나 사회적인 갈등이 더욱 증폭될 수 있고, 결과적으로 국가의 운명에까지 영향을 미칠 가능성도 있다. 그러므로 오늘날의 국가 안보는 영토 범위나 무기 기반의 위협에 한정되지 않는다. 기후변화의 직간접적 영향으로 발생하는 문제는 군사적 위협과 마찬가지로 안보 관점에서 인식해야 한다.

노벨 경제학상 수상자 아마르티아 센Amartya Sen은 민주주의 체제에서는 흉년이 와도 기근을 겪지 않지만, 권위주의 체제라면 쉽게 기근이 발생한다고 주장했다. 기아가 발생하는 까닭은 식량 부족보다도 식량을 확보하고 통제할 능력이 부족한 데 있다. 20세기 말에 기아를 겪은 북한과 아프리카 수단은 모두 독재국가라는 공통점을 갖고 있다. 기근으로 수많은 사람이 죽지만 지배자가 죽는 일은 없다. 만일 선거도 없고, 야당도 없고, 검열받지 않은 공개적 비판도 없다면, 권력을 쥔 자들은 기근을 막지 못한 실패에 대해 정치적 책임을 질 이유가 없다. 민주주의는 이와 달리 기근의 책임을 지도층과 정치 지도자에게 돌린다. 이 때문에 이들은 예상되는 기근을 막기 위해 필사적으로 노력한다. 이는 기근뿐 아니라 재난 일반에도 확대되어 적용된다. 따라서 민주주의는 사치가 아니라 생존을 위해 필수 불가결한 조건이다.

복합적 위기가 결합해 북한에서 끔찍한 기아가 발생했고, 그 위기는 완전히 해결되지 않아 여전히 북한은 지구 위기의 카나리아 역할을 하고 있다. 북한은 우리에서 먼 나라가 아니라, 같은 자연환경 속에서 같은 말을 하고 같은 음식을 먹으며 살아가는 민족 공동체다.

민주주의의 수준이 재난 대응의 수준을 결정한다. 이것이 기후변화 시대에 최저 자원 빈국에 초과다 인구밀도를 가진 우리나라에서 민주주의가 더욱 절박하게 필요한 이유다.

퍼펙트 스톰

1991년 미국 동부 해안에서는 약한 태풍이 저기압과 합쳐지면서 강력한 태풍으로 발달해 엄청난 피해를 일으켰다. 이때 참치잡이 배에 탔던 여섯 명의 선원이 목숨을 잃었는데, 이 상황을 바탕으로 1997년에 서배스천 융거Sebastian Junger가 소설 <퍼펙트 스톰Perfect Storm>을 썼고, 2000년에는 이를 영화로 만들었다. 원래 '퍼펙트 스톰'은 개별적으로 보면 위력이 크지 않은 태풍 등이 다른 자연현상과 동시에 발생하면서 엄청난 파괴력을 갖게 되는 기상 현상을 의미했다. 2008년 미국발 금융위기를 예견한 누리엘 루비니Nouriel Roubini 뉴욕대학교 교수가 악재가 한꺼번에 밀려와 손쓸 수 없는 경제 위기를 이에 빗대어 사용하면서 널리 알려졌다. 이후 '퍼펙트 스톰'은 안 좋은 요소들이 겹쳐 최악의 상황이 닥친 경우를 비유적으로 표현하는 용어가 되었다.

빙하가 작아지면 삶의 터전도 줄어든다

현대 문명 대부분은 해안을 따라 건설되었고 여기에 많은 사람이 모여 살고 있다. 그런데 지구온난화로 인한 해수면 상승이 해안 지역을 위협하고 있다. 현재 빙하에 지구상 모든 물의 약 1.7퍼센트가 담겨 있다. 지금보다 해수면 높이가 120미터 낮았던 빙하기에는 지구 전체 물의 약 4.4퍼센트 가까이가 빙하에 저장되었다. 즉, 앞으로 해수면 상승은 빙하에 물이 얼마나 저장되는지에 달린 것이다.

빙하가 커지거나 줄어드는 데는 기온과 강설량이 요인으로 작용한다. 지구온난화가 진행되더라도 강설량이 많아지면 빙하가 확장될 수 있다. 현재 남극 일부 지역에서 빙하가 커지고 있는 이유다. 하지만 최근 수십 년간 대부분 지역의 빙하가 줄어들고 있는데, 그 주된 원인이 지구온난화다.

남극과 그린란드에 있는 육상 빙하가 녹은 물이 바다로 흘러 해수면이 상승한다. 그러나 산악 빙하는 모든 육상 얼음의 1퍼센트만 차지하므로 해수면 상승에 큰 영향을 주지 않는다. 이와 함께 바다 부피를 증가시키는 열팽창 효과로 해수면이 상승한다. 해양이 지구온난화로 인한 열의 90퍼센트 이상을 흡수하는데, 해양 물 분자가 따뜻해지면 더 잘 움직이고 그 과정에서 더 많은 공간을 차지하기 때문이다.

해수면 상승은 눈으로 알아차리기 어렵다. 지구온난화에 의한 해수면 상승보다 몇 시간 동안의 조수 변화의 폭이 더 크기 때문이다. 1870년 이후 검조기로 해수면 수위를 감시한 결과에 의하면 지금까지 약 240밀리미터 상승했다. 검조기는 해안 가까이에 설치되어 있으므로 지구 전체 해수면의 변화를 알 수 없다. 이 때문에 해수면 위성 감시 체계가 구축되었다. 미국 항공우주국NASA에서 분석한 위성 관측으로는 1993년 이후 현재까지 90밀리미터 상승했다. 세계 평균 해수면 상승은 20세기 초반 매년 약 1.4밀리미터였다. 1993년 이후 이 비율은 연간 3.2밀리미터로 두 배 이상 증가했다. 지금까지 해수면 상승에서는 열팽창이 가장 큰 역할을 했다. 하지만 열팽창의 기여도는 1993년에는 50퍼센트였는데 2014년 이후에는 30퍼센트로 줄었다. 반면 최근 해수면 상승 원인으로 빙하가 차지하는 비율이 늘고 있다.

해수면은 지구 전체적으로 고르게 상승하진 않는다. 지역마다 다른 해양 열팽창, 해류 같은 다양한 요인이 작용하기 때문이다. 특히 빙하가 녹으면 그 무게에 눌려 있던 육지가 융기한다. 이때 밀어올려진 물이 어딘가로 흘러야 하므로 극 지역에서 멀리 떨어진 해양의 해수면이 더 높이 상승한다. 이로 인해 남태평양과 인도양에서 해수면 상승이 상대적으로 크다. 이곳에 위치한 투발루, 바누아투와 몰디브 같은 해발 고도가 낮은 섬나라들이 현재 간신히 물 밖에 나와 있다. 이처럼 기후변화에 거의 영향을 미치지 않은 사람들이 기후변화에 가장 큰 피해를 받는다.

오늘날 육상 빙하의 86퍼센트는 남극에, 11.5퍼센트는 그린란드에 있다. 한반도 면적보다 약 60배 더 넓은 남극 대륙은 평균 2킬로미터 두께의 빙하로 덮여 있다. 이 빙하가 모두 녹는다면 해수면을 60미터가량 상승시킬 수 있는 양이다. 한편 그린란드 빙하는 남한 면적의 약 10배 규모로, 모두 녹을 경우 해수면 상승이 7미터에 달할 수 있다.

빙하가 녹을 때, 단순히 위에서 아래로 녹아내리지 않는다. 빙하 표면이 녹으면, 녹은 물이 빙하의 갈라진 틈새로 스며든다. 물은 얼음보다 밀도가 높으므로 일단 틈새로 들어가면 그 틈새를 더 벌리는 압력으로 작용한다. 빙하가 깨지며 한 번 부서지면 더 많은 틈새가 생겨서 결국은 무너져 내린다. 깨진 빙하가 바다로 흘러 들어가면, 물에 접하는 빙하의 표면적이 넓어지므로 쉽게 녹는다. 이는 덩어리 얼음을 따뜻한 곳에 두어도 천천히 녹지만, 얼음을 깨뜨려 물그릇에 넣으면 빠르게 녹는 것과 같은 이치다.

빙하는 천천히 변하지만 멈추기 어렵다. 녹아내리는 빙하가 지구온난화와 평형을 이뤄 멈추기까지는 수천 년이 걸리기 때문이다.

빙하가 녹는 수천 년 동안은 해수면 상승이 계속된다. 300만 년 전인 플라이오세 때 지구 평균 기온은 산업혁명 이전보다 2도 높았고 해수면은 지금보다 25미터 높았다. 12만 5,000년 전인 지난 간빙기 때는 1도 높은 상태에 머물렀는데 주로 그린란드와 남극 빙하가 녹아 해수면이 지금보다 5~6미터 더 높았다. 이는 기온이 1도 상승한 현재 상태에서 더 오르지 않는다고 해도, 21세기 이후에도 해수면이 지속적으로 상승한다는 것을 의미한다.

기후변화에 관한 정부 간 협의체가 발간한 5차 보고서는 온실가스 감축을 적극적으로 시행하는 경우 지구 해수면 높이는 2081~2100년에 1986~2005년 대비 평균 26~55센티미터 상승할 것으로 전망했다. 현재의 추세대로 온실가스를 지속해서 배출할 경우, 21세기 말 전 지구 해수면은 45~82센티미터 상승할 것으로 전망했다. IPCC의 해수면 전망은 빙하가 깨지지 않는 경우만 고려했다. 빙하가 깨지는 효과를 고려하면 해수면 상승 폭은 더 커질 것이다.

빙하가 깨지는 것은 비선형 세계이므로 언제, 어디서, 어떻게 깨질지 예측할 수 없다. 지난 빙하기에서 간빙기로 넘어가던 시기에 북반구 빙하가 급속하게 붕괴해 수십 년 만에 해수면이 30센티미터 이상 상승한 경우도 있었다. 현재 서남극 빙하와 그린란드 빙하가 깨질 수 있는 불안정한 상태에 있다. 이번 세기에 이들 빙하가 깨진다 해도 놀랄 일이 아니다.

해수면이 1.3미터 상승하면 베네치아와 뉴올리언스같이 고도가 낮은 도시와 네덜란드나 방글라데시처럼 저지대에 있는 나라가 어려움을 겪게 된다. 해수면이 6미터 상승하면 전 세계 해안 평야, 소택지, 대부분의 강 하구 삼각주 지역과 같은 저지대 대부분이 물에 잠길 것이다.

세계 인구의 40~44퍼센트에 이르는 많은 사람이 해안 지역에 살고 있다. 해수면 상승은 저지대를 침수시키고 태풍이나 폭풍, 해일에 훨씬 더 취약하게 만든다. 세계의 강 하구 삼각주 비옥한 땅에 3억 명 이상이 거주한다. 이들 중 상당수는 개발도상국 사람이므로 식량과 물 부족으로 어려움이 가중될 수 있다. 이는 해수면이 상승하면 환경 대이주가 일어날 수 있음을 뜻한다.

해수면 상승해 사람은 다른 지역으로 옮겨간다 해도, 시설물까지 옮기지는 못한다. 이는 지구온난화가 세계 문화유산과 자연유산을 위협할 수 있음을 의미한다. 또한 경제 활동은 해안 가까이에서 일어나기 때문에 세계에서 가장 큰 도시 20개 중 13개가 해안에 있다. 선진국이라 해도 해수면 상승을 피하려면 어려움을 겪을 것이다. 해수면 상승 비율보다 그에 따른 대응 비용의 상승 비율이 더 높다. 예를 들어 해안 제방의 높이를 두 배로 높인다고 할 때 비용은 거의 네 배가 더 필요하다.

우리나라도 국토가 대부분 산지라고 안심할 수는 없다. 2016년 10월 태풍 차바가 상륙했을 때 폭풍과 해일이 부산 해운대 마린시티에 들이닥쳐 큰 피해를 줬다. 국립해양조사원의 분석에 따르면 한반도 해역에서 평균 해수면이 최근 40년간 약 10센티미터 상승했고, 2015년 말 기준으로 산정된 해수면 상승률은 연평균 2.48밀리미터였다.

국제 지속 가능성 자문기관Asia Research and Engagement, ARE은 아시아·태평양 지역의 53개 주요 항구들이 직면한 기후변화 위험을 분석했다. 2100년에 해수면이 0.3~0.8미터 상승하고 더욱더 강력해진 태풍으로 폭풍과 해일이 닥치는 상황을 고려했다. 이에 대비하기 위해 항만 제방을 1.6~2.3미터로 높일 때 들어가는 비용을 추정했다. 광양항이 아시아 항구 중 가장 큰 비용인 16억 1,400만 달러에서 35억 6,400만 달러가 필요하고, 중국 톈진항에 이어 부산항도 9억 4,000만 달러에서 14억 8,800만 달러가 필요한 것으로 추정돼 3위를 차지했다.

빙하 크기는 늘 변화했지만, 오늘날처럼 빠르게 변화하진 않았다. 2만 1,000년 전에 현재보다 2.5배 큰 빙하가 육지를 뒤덮고 있었다. 여기서 간빙기로 변하는 과정이 1만 년 걸렸다. 그 기간 동안 빙하가 녹아 해수면 높이도 상승했다. 현재 인류는 빙하기에서 간빙기로 진입할 때보다 스무 배 이상 빠르게 지구를 데우고, 이에 따라 해수면을 상승시키고 있다.

현재 기후변화 대응이 해수면 상승 속도를 늦추고 피해를 줄일 수 있다 해도 멈출 수는 없다. 미래 세대는 우리가 지금 내리는 선택에 영향을 받을 것이다. 인류가 빙하에 영향을 미쳤지만, 빙하도 인류에게 영향을 미칠 것이다. 빙하가 줄어들면 삶의 터전도 함께 줄어들기 때문이다.

4장

먼지,
있어야 할 먼지,
골칫거리 먼지

길고 긴 먼지의 역사

우주를 떠도는 먼지들이 서로 뭉쳐 태양이 되었고 지구도 만들었다. 사람도 역시 우주에서 날아온 먼지로 이루어진 존재이므로, 결국 다시 먼지가 되어 우주로 돌아갈 것이다. 어두운 방 창문으로 한 줄기 햇빛이 들어올 때, 평소에는 볼 수 없었던 수많은 먼지가 비로소 드러난다. 하찮은 존재로 무시되는 이 작디작은 먼지도 우리 삶과 연결되어 긴 역사를 가지고 있다.

가장 오래된 먼지 기상 현상의 기록은 지금으로부터 3,700~3,200년 전, 번창했던 은나라 유적에서 출토한 거북이 등딱지에 새겨진 '매霾(흙비)'라는 갑골문자에 있다. '황사'라는 단어는 당나라 시대(618~907년)에 쓰인 『남사』에 "천우황사天雨黃沙(하늘에서 황사가 분다)"라는 문장에서 처음 등장한다.

우리나라에서 먼지 기상 현상이 역사 기록에 처음 등장한 것은 서기 174년이다. 신라 아달라 이사금 때로 『삼국사기』에 '우토雨土'라고 적혀 있다. 당시 사람들은 화가 난 신이 비와 눈 대신에 흙을

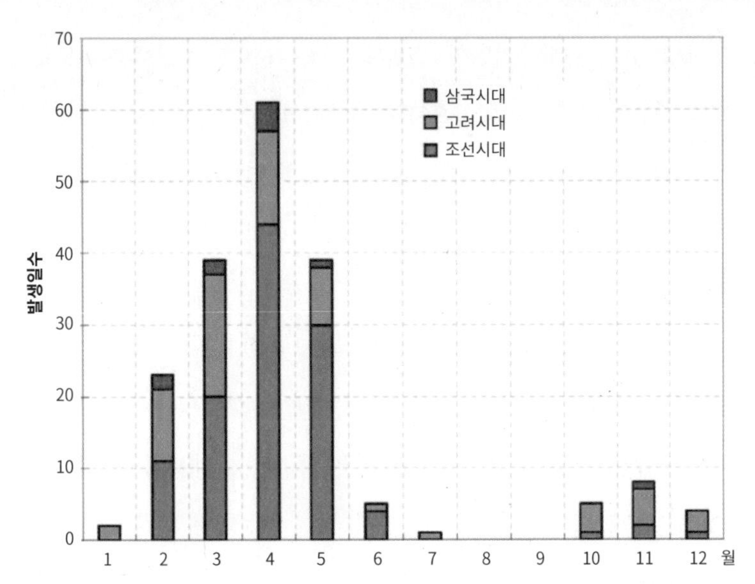

삼국시대부터 조선시대까지 역사 기록에 남아 있는 우리나라 월별 '흙비' 일수. 봄철에 집중되는 오늘날의 황사 관측과 거의 일치한다. 출처: Chun Youngsin, Hi-Ku Cho, et al., Bulletin of American Meteorology Society, 2008

내렸다고 믿었다. 원래 '우雨'란 위에서 아래로 무엇인가가 떨어지는 움직임을 뜻하므로, '우토'는 '흙가루가 (하늘에서 비처럼) 떨어져 내린다'라는 뜻이다. 영어의 'dustfall(흙내림, 흙비)'과 같은 의미다.

우리나라에서 '황색 모래'라는 의미를 가진 '황사黃砂'가 처음 등장한 것은 일제강점기부터다. 1915년에 경성측후소에서 일본인이 황사를 기상관측일지에 처음 기록했다. 그러나 한반도에 떨어지는 황사는 '모래알'처럼 크지 않고, 모래보다 작은 흙먼지다. 우리 선조가 과학적으로 묘사한 '흙비'는 최근까지도 시골에 사는 노인들 사이에서 사용되었다. 최근에 흙비는 황사가 섞인 비라고 잘못 알려지기도 했다. 원래 우리말인 '흙비'는 광복 이후 70여 년이 지나도록 되찾지 못하고 황사란 이름으로 통용되고 있다.

한편 『조선왕조실록』에는 산불에 의한 연무煙霧 현상이 기록되어 있다. 숙종 28년(1702년)에 "조금 저문 후에 연무의 기운이 갑자기 북서쪽에서 몰려오면서 천지가 어두워지더니 재가 마치 눈처럼 흩어져 내려 한 치(3센티미터) 남짓이나 쌓였는데 주워보니 모두 나무껍질이 타고 남은 것이었다"라고 기록돼 있다. 연무는 마치 안개가 낀 것처럼 뿌옇게 보이지만, 대기 중의 수증기 때문에 생기는 안개와는 달리, 아주 작은 먼지가 원인이다. 기상청 관측 기록에 의하면 봄철에 집중되는 황사와 달리 연무는 계절과 관계없이 발생한다.

흙비에는 칼슘, 마그네슘 등 자연 기원의 토양 성분이 많지만 오늘날 연무에는 황산염, 질산염 등 인간 활동의 결과로 만들어진 물질이 많다. 연무를 나타낼 때 기상학적으로 헤이즈haze, 환경학적으로는 스모그SMOG라는 용어를 사용하기도 한다. 스모그는 매연(SMoke)과 안개(fOG)의 합성어로 연무와 같은 뜻이다.

영국은 19세기 세계 최악의 스모그 발생국이었다. 런던 스모그는 공장에서 석탄 연소로 배출된 오염 물질이 축적돼 발생했다. 로스앤젤레스 스모그는 자동차 배기가스가 햇빛을 받아 만들어진 지상 오존이 원인이었다. 오늘날 동아시아에서 문제가 되는 오염먼지는 국제 용어로 '차이나 스모그' 또는 '베이징 스모그'라고 한다. 이는 공장 석탄 연소와 자동차 배기가스 모두가 원인이 되어 발생하

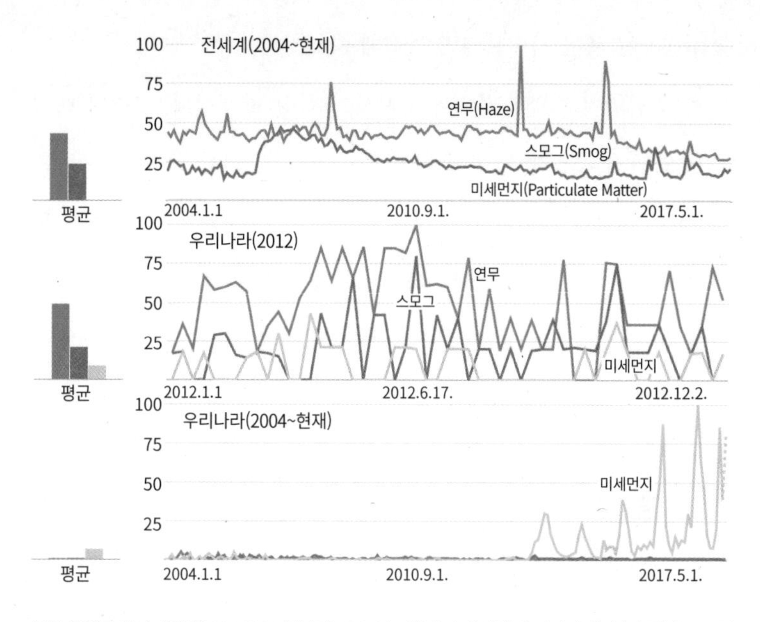

구글 트렌드에서 산출한 2004년 1월부터 2019년 1월까지 세계와 우리나라에서 '연무', '스모그'와 '미세먼지'의 검색 횟수. 가운데 그림은 우리나라 2012년의 경우다. 최대 검색 횟수를 100으로 놓아 상대적인 값을 보여준다. 세계인들은 '연무'나 '스모그'로 검색하는 반면 '미세먼지'로는 거의 검색하지 않는다. 2012년에는 우리나라도 세계의 경향처럼 '연무', '스모그', '미세먼지' 순으로 검색했다(2012년 이전도 마찬가지임). 그러나 2014년 이후 우리나라 사람은 대부분 '미세먼지'라는 용어로 검색했으며 봄철에 검색 횟수가 뚜렷하게 증가했다.

는 스모그다.

최근 들어 원래부터 사용해왔던 연무나 일반적으로 많이 사용하는 국제 용어인 스모그는 사용하지 않고, 우리 정부에서 '미세먼지'라는 용어를 쓰고 있다. 원래 미세먼지는 학술적으로 '미세한 입자성 물질Particulate Matter'을 의미할 때 사용하는 용어다. 2014년 이후 환경부에서 미세먼지라는 용어를 본격적으로 사용했다. 언론에서 그대로 언급했고 시민들에게 그렇게 알려졌다.

오염먼지는 배출원에서 사시사철 항상 발생한다. 그러나 대기 중 오염먼지 농도는 날씨에 따라 달라진다. 그래서 원래 연무 관측은 기상청 고유 업무다. 조선시대 관상감에서 시작해 기상청에서도 연무를 지속적으로 관측해왔다. 특히 황사를 분석하고 예측하려면 연무 상황도 잘 알아야 한다. 환경부는 미세먼지라는 용어를 도입하면서 그 이전에 없었던 새로운 업무를 하는 것처럼 출발했다. 스스로 뿌리가 어디에 있는지 모르거나, 그게 아니면 무시했다. 2014년 이후 언론에서 연무에 관한 언급이 거의 사라졌다.

삼국시대와 고려, 조선에서는 흙비가 발생하면 하늘이 경고하거나 징벌하는 것으로 받아들였다. 왕은 자신이 부덕한 까닭이라 여겨 반찬 가짓수도 줄이고 술을 삼가는 등 몸가짐을 바로 했다. 혹시 억울한 누명을 쓴 사람이 옥살이하고 있지나 않은지 조사해 석방하기도 했다. 이러한 우리 전통은 일제강점기에 사라졌다.

우리의 무심함으로 스스로 잃어버린, 지속하고 축적해야 했을 역사와 가치들이 있다. 그중 하나가 흙비와 연무이며 자연재해를 대하는 겸허한 마음과 진지한 태도다.

작디작은 흙먼지가 생태계를 살린다

우리는 일상생활에서 먼지 자체가 없어지길 바란다. 먼지 때문에 눈이 뻑뻑해지고 재채기가 나오고 주변이 더러워진다는 이유에서다. 그러나 지구 생태계의 일부는 이 성가시고 하찮아 보이는 먼지에 의존하고 있다.

세계적으로 먼지의 80~90퍼센트가 사막과 그 주변의 건조지역에서 발생한다. 매년 10억에서 30억 톤에 이르는 흙먼지가 하늘로 날아오르는데, 이 가운데 3분의 2가 아프리카 사하라에서 생겨나며, 그 외에는 몽골·중국의 사막에서 주로 발생한다.

공중으로 솟아오른 흙먼지 중에서도 작은 것은 '가볍기 때문에' 발생한 곳에만 머무르지 않고 대기 흐름에 실려 널리 퍼져나간다. 흙먼지가 다시 가라앉으면 발생 지역에서 멀리 떨어진 생태계에까지 영향을 준다.

사하라 사막에서 일어난 모래 폭풍은 흙먼지를 공기 중에 떠오르게 한다. 이 먼지는 바람을 타고 대서양으로 수송된다. 바다의 대부분의 영역이 미량금속인 철분 부족에 시달린다. 철분이 모자라면 바다 먹이 사슬에서 필수적인 식물성 플랑크톤 번식이 어려워진다. 바다에 공급되는 철분은 사막에서 발생한 흙먼지 안에 담겨 있다. 흙먼지는 철분 이외에 미네랄도 포함하고 있어 해양에 영양분을 공급한다. 심지어 흙먼지는 대서양을 건너 중미와 남미의 열대우림에까지 도달한다. 인산염을 함유한 사하라 흙먼지는 대서양 건너편 열대우림의 생태계를 더욱 푸르게 한다.

몽골과 중국의 사막·건조 지대에서 발생하는 흙먼지인 황사는 그 크기가 30마이크로미터(1,000마이크로미터=1밀리미터) 이상이면 중력에 의해 가라앉아 멀리 이동하지 못한다. 황사는 발원지와 그 주변 지역에 절반이 가라앉고, 나머지가 장거리로 수송된다. 중국을 벗어난 황사는 첫 번째로 한반도에 영향을 미친다. 우리나라에 날아온 황사는 지름 3~10마이크로미터 크기가 가장 많다. 지름이 10마이크로미터 이하인 먼지를 PM10이라고 하며 우리나라에서 황사의 유입 여부와 양을 판단할 때 사용된다.

인간의 몸은 자연에서 발생한 황사와 같은 먼지를 대부분 걸러낼 수 있도록 진화해왔다. 이런 먼지는 코털에 잡히고, 코 점막에 붙어 코딱지가 되어 밖으로 배출되거나, 목구멍에서 침에 휩쓸려 위로 내려가므로 노약자가 아닌 건강한 사람에게는 큰 문제가 되지 않는다.

황사 발생 지역에서 여름에는 비가 내리고 풀이 덮여 있어 흙가루가 바람에 날리기 쉽지 않다. 가을에는 여름철에 잘 자란 식물의 뿌리가 흙을 꽉 잡고 있고, 겨울에는 땅이 얼어붙기 때문에 흙먼지가 바람에 떠오르기 어렵다. 봄이 되면 얼었던 땅이 녹으면서 부서지고 아지랑이가 피어오르듯이 가벼워져 바람에 쉽게 날린다. 황사는 모래폭풍이 일어나야 5,000미터 상공까지 올라간다. 봄에는 상공에 올라간 황사가 이동성 저기압을 따라 우리나라로 많이 이동한다. 황사가 우리나라를 향한다 해도 한반도 상공을 그냥 지나칠 수도 있다. 우리나라가 고기압의 영향 아래에 있어야 황사가 천천히 지상으로 가라앉는다.

황사가 우리나라로 이동하는 데 걸리는 시간은 발원지까지의 거리와 상층 바람의 속도에 의존한다. 우리나라에서 약 5,000킬로미터 떨어져 있는 타클라마칸 황사는 발생 후 4~8일, 약 2,000킬로미터 떨어져 있는 고비 사막에서 발원한 황사는 3~5일, 그리고 만주 지역에서 발원한 황사는 1~3일 만에 우리나라에 영향을 준다.

우리나라의 토양은 대부분 산성화되어 있다. 특히 도시 토양은 산성도가 더 심하다. 산성 토양에서는 각종 유기물을 썩게 하는 미생물의 수가 줄어들어 영양분을 제대로 만들지 못한다. 황사는 대부분 알칼리 성분이므로 산성 토양을 중화시키는 고마운 역할을 한다. 황사도 휩쓸고 지나가면, 우리나라 바다와 북태평양에 철과 미네랄을 뿌려 해양 생태계를 풍요롭게 한다. 이후 황사는 하와이까지 날아간다. 풍화된 화산석 위에 이루어진 하와이 숲에 필요한 인 성분을 공급하기도 한다.

질서가 무질서로 전환되는 엔트로피 증가의 법칙이 작용해 토양이 부서져 흙먼지가 생겨난다. 그러나 이 작디작은 먼지가 바다와 육지의 생태계를 풍요롭게 한다. 무질서하고 하찮은 존재인 먼지가 생명의 질서를 다시 탄생시키는 것이다.

이 흙먼지는 기상 상태와 대기 흐름에 따라 먼 곳까지 이동해 가라앉는다. 기후변화로 인해 바람과 강수가 바뀌면 흙먼지의 발생과 이동이 달라진다. 이렇게 되면 오랫동안 유지되어온, 흙먼지에 맞추어진 생태계에도 변화가 일어날 가능성이 크다. 이것이 우리가 기후변화에 주의해야 하는 또 다른 이유다.

먼지도 기후변화를 일으킨다

먼지 입자는 충분히 작고 가벼워서 바람에 실려 대기 중에 머물 수 있다. 1세제곱미터 공기 중 먼지 입자(에어로졸)는 1~100마이크로그램으로 대기권 전체 질량의 0.0000001~0.00001퍼센트를 차지한다. 그러나 이 작은 양의 먼지가 그 종류에 따라서 기후도 바꿀 수 있다.

대부분의 먼지는 햇빛을 반사해 우주 공간으로 되돌려 보낸다. 이로 인해 먼지는 지구를 식힐 수 있는데 이를 지구 차광Global dimming 효과라고 한다. 이런 역할을 하는 오염먼지 중 대표적인 것이 황산염 입자다. 공장과 발전소에서 배출되는 이산화황의 화학반응으로 생기는 황산염은 평균적으로 대기 중에 5일 정도 머물기 때문에 그 영향은 발생원 주변 지역에 국한된다.

제2차 세계대전 이후 온실가스가 증가했지만, 1950년대에서 1970년대까지, 지구 평균 기온이 상승하지 않았다. 이는 그 당시 미국, 유럽, 일본이 급격하게 산업화하면서, 황산염을 대량 발생시켜 온실가스의 온난화 효과를 상쇄시켰기 때문으로 보고 있다. 그런데 이 차광은 지역적으로 큰 차이를 보였다. 1961에서 1990년까지 남반구에서는 차광 현상이 약하게 나타났지만, 북반구에서는 지상에 도달하는 햇빛이 4~8퍼센트가 감소했다. 이후 유럽과 북미에서 맑은 공기 법clean air legislation이 시행되면서 이 지역의 차광이 감소했다. 반면 1990년대 이후 중국과 인도에서 차광이 심해졌는데, 이는 급속한 산업화가 대기오염을 일으킨 시기와 일치한다.

반면 검은 매연 입자인 검댕은 화석 연료, 바이오 연료, 산불, 농업 폐기물이나 나무 땔감 등이 불완전 연소하면서 발생하며 온실가스처럼 작용해 지구 적외선 복사를 흡수해서 공기를 데운다. 검댕도 햇빛을 차단해 지면을 냉각시키지만, 지면은 움직이지 않기 때문에 냉각 효과는 대체로 오염원 근처에 한정된다. 반면 공기는 움직이므로 온난화 효과는 더 멀리까지 영향을 줄 수 있다.

인도 대륙에서 검댕의 영향을 받은 갈색 구름은 햇빛을 차단해 대륙 가열을 약화하는 반면, 히말라야 산기슭 인근으로 확산된 검댕은 지구 적외선 에너지를 흡수한다. 이는 인도 농업의 원동력이자 계절풍 순환인 몬순에 변화를 일으킬 수 있다. 그리고 인도, 중국과 동남아시아 국가에서 배출된 검댕이 히말라야 빙하에 내려앉아 검은 망토처럼 덮인다. 이로 인해 태양에너지를 더 많이 흡수해서 빙하가 녹아 물 공급원을 위협하기도 한다.

아시아를 장막처럼 덮고 있는 오염먼지가 기후에 미치는 영향은 복잡하다. 검댕은 햇빛을 흡수해 대기를 덥혀 온난화를 일으키지 만, 황산염은 그늘막으로 작용해 지표면을 식힌다. 이로 인해 아시아 물 순환에 변화를 일으킬 수 있다. 강우 패턴의 변화는 농업을 포함한 식물 성장에 즉시 영향을 미치고, 식물의 잎들에 퇴적된 오염 먼지는 추가 피해를 발생시킨다.

한편 아시아, 유럽과 북미에서 발생한 검댕은 북극 빙하로 이동해 내려앉는다. 이때도 빙하에 더 많은 열이 흡수되어 더 많이 녹게 된다. 그리고 빙하는 대기를 통과한 햇빛 대부분을 반사하는데, 북극 빙하 지역으로 유럽 스모그가 이동해 오면 반사된 햇빛이 지표면으로 되돌아가고 이것은 다시 지표 얼음에서 반사된다. 반사가 반복되는 과정을 통해 스모그는 열에너지를 흡수한다. 결국 스모그가 기온을 상승시킨다.

황사 같은 사막 먼지는 태양 가시광선을 막는 냉각 효과와 지구 적외선 흡수라는 가열 효과를 함께 가지고 있다. 하지만 이것이 기후에 어떤 영향을 얼마만큼 미칠지에 대해서는 불확실성이 크다.

우리는 먼지 없는 세상을 바란다. 그러나 지구를 터전으로 살아가는 우리로서는 먼지 없이 살아가는 것이 달갑지만은 않다. 먼지 없이 깨끗하기만 한 세상은 숨 막히게 무더울 것이기 때문이다. 구름은 다양한 먼지 주위에 응집한 작은 물방울의 집합체다. 즉, 먼지는 구름을 만드는 씨앗(응결핵) 역할을 한다.

먼지가 없다면 상대습도가 300퍼센트 이상이 될 때까지도 구름방울이 만들어지기 어렵다. 여름철에는 수증기가 구름이 되기 어려워 한증막 상태에 이르고 다른 계절에는 비와 눈이 내리지 않을 것이다. 결과적으로는 생명 유지에 필수적인 물 순환도 이뤄지지 않는다.

구름이 지구에 그림자를 드리우면서 적잖은 양의 햇빛을 반사한다. 구름은 언제나 지구의 절반가량을 덮고 있다. 구름이 없다면 지구에는 끔찍한 더위가 닥칠 것이다. 한편 날아오른 먼지에서 구름방울이 만들어지고 빗방울로 떨어지면서 대기 중에 축적된 먼지를 쓸어내려 파란 하늘이 드러나게도 한다.

황사, 바닷소금, 화산재와 꽃가루 등 자연 먼지뿐 아니라 인간이 배출한 황산염도 구름 응결핵으로 작용한다. 황산염은 자연 먼지보다 훨씬 작기 때문에 작은 물방울을 더 많이 만든다. 작은 물방울을 가진 구름은 더 밝고 더 오래가는데, 이는 더 많은 햇빛을 반사해 지구를 냉각시킨다. 그리고 황산염으로 만들어진 구름은 큰 빗방울을 만들기 어렵기 때문에 강수 효율이 떨어진다.

상층 대류권을 나는 비행기는 수증기와 응결핵 역할을 하는 먼지를 배출해서 비행기가 지나간 자리에 비행운contrail을 만든다. 비행운은 상층구름이므로 온실가스처럼 햇빛은 투과시키고 지구 장파복사는 막아 온난화 효과를 일으킨다. 비행기가 일으키는 전체 온실효과에서 비행운으로 인한 효과가 이산화탄소를 배출하여 일으키는 온실효과보다 두 배에서 네 배 정도 크다고 추정하고 있다.

이처럼 먼지가 구름을 통해 기후에 영향을 주는 것을 먼지의 간접 효과라 한다. 반면 먼지가 햇빛이나 지구 적외선을 흡수하거나 반사해 냉각 또는 온난화시키는 것을 먼지의 직접 효과라 한다. 간접 효과도 직접 효과만큼 기후에 영향을 미친다.

먼지는 인간 간섭이 기후 시스템에 어떤 영향을 미칠지 평가할 때 불확실성의 원인 가운데 하나다. 그렇지만 대부분 먼지 입자가 열을 흡수하는 것보다 햇빛을 반사하는 측면이 더 커서 지구 전체를 냉각하는 데 기여한다. 이를 통해 먼지의 냉각 효과가 인간 활동으로 발생하는 온실가스의 온난화 효과를 부분적으로 상쇄한다.

먼지 수명이 온실가스 수명보다 짧다는 것도 중요하다. 이산화탄소의 온난화 효과는 100년 이상 지속하는 반면, 황산염의 냉각 효과는 며칠밖에 지속하지 않는다. 이것은 황산염이 제거되면 숨겨져 있던 지구온난화가 나타날 수 있음을 시사한다. 역설적으로 이산화탄소로 인한 위험을 또 다른 위험인 황산염이 막아주고 있다. 일반적으로 황산염이 최대 1도 정도 온난화를 막고 있다고 추정하는데, 이는 황산염이 사라지면 즉시 기온이 1도 더 상승한다는 것을 의미한다.

이처럼 먼지는 불분명하며 미약한 존재다. 그러나 하찮은 존재로 무시되는 이 작디작은 먼지는 기후변화에 무시하지 못할 영향을 주고 있다.

화산폭발이 일으키는 기후변화

화산이 폭발하면 화산 분출물은 주변에 직접적인 피해를 일으킬 뿐 아니라, 기후에도 영향을 미칠 수 있다. 화산 폭발은 지구온난화에 기여하지만, 한편으로는 냉각 효과도 일으키기 때문이다. 그러나 모든 화산 폭발이 기후에 영향을 주는 것은 아니다.

2억 5,000만 년 전, 시베리아에서 용암이 100만 년 동안 분출되어 호주 대륙 절반 정도에 해당하는 넓은 지역을 뒤덮었다. 이 지속적인 분화로 화산재가 햇빛을 차단해 기온을 떨어뜨렸다. 화산 폭발이 중단되자 화산재가 가라앉아 냉각기가 바로 끝났다. 화산 분출물과 함께 나온 이산화탄소는 그 후에도 사라지지 않고 그대로 대기에 남아 있었다. 이 이산화탄소가 기온을 높여 페름기 대멸종을 일으켰다. 이처럼 화산 폭발은 기후를 단기적으로는 차갑게 하고, 장기적으로 따뜻하게 한다.

오늘날에는 화산 폭발과 함께 분출되는 이산화황에 기후가 영향을 받는다. 이 기체가 황산염이 되어 성층권에 도달하면, 햇빛을 흡수해 성층권을 가열하지만, 햇빛을 차단하고 산란시켜 그 아래의 대류권을 냉각시킨다.

화산재가 얼마나 높이 상승할 수 있는지, 그리고 얼마나 많은지가 기후에 영향을 줄지 말지를 결정한다. 화산재가 성층권에 도달하기에 충분할 정도(극지방 8킬로미터 이상, 열대지방 15킬로미터 이상)로 폭발력이 커야 기후에 영향을 미친다. 아무리 화산재가 많이 나온다 해도 성층권에 도달하지 않으면, 대류권에서 단기간에 침강되거나 비에 씻겨버린다. 반면 성층권에서는 대기가 매우 안정되어 있으므로 황산염이 수년 동안 머무를 수 있다.

화산재가 성층권에 들어오면 바람을 따라 퍼진다. 확산되는 정도는 화산 위치에 따라 다르다. 열대지방에서 퍼진 화산재는 지구 전체로 영향을 끼칠 수 있다. 화산재가 북반구와 남반구 양쪽에 다 퍼질 수 있기 때문이다. 그러나 중·고위도에 위치한 화산은 해당 반구에만 영향을 미친다.

지난 수 세기 동안의 가장 큰 화산 폭발은 1815년 인도네시아 탐보라에서 일어났다. 이때 황산염이 44킬로미터 높이까지 도달해 성층권에서 지구 전체로 퍼졌다. 탐보라 화산의 증거는 그린란드와 남극의 빙하 코어ice core에서도 찾을 수 있다. 빙하 속에서 화산 폭발의 부산물인 유황, 재, 화산 쇄설물이 포함된 층이 발견되기 때문이다.

탐보라 화산 폭발로 인해 1815년 세계 연평균 기온이 5도 하강했고, 6월 북미 지역에 50센티미터의 폭설이 내리는 등 이상기후가 발생했다. 이듬해에는 같은 지역에 여름이 없었다는 기록도 남아 있다. 아일랜드와 유럽 여러 지역에서는 낮은 기온과 폭우로 인한 기근이 발생했다. 인도 여름 몬순이 바뀌어 폭우가 내려 홍수, 작물 피해, 기근과 콜레라의 원인이 되었다.

최근 들어서는 1991년 6월 14일에 필리핀 피나투보에서 강력한 화산 폭발이 발생했다. 이때 2,000만 톤의 황산염이 분출돼 성층권 35킬로미터 높이까지 올라갔다. 그 후 1~3년 동안 햇빛을 10퍼센트 감소시켜 지구 평균 기온을 0.2~0.5도 떨어뜨렸다. 하지만 피나투보 화산폭발 때 방출된 온실가스로 인한 기온 상승은 일어나지 않았다. 영국 지질연구소British Geological Survey와 미국 지질연구소US Geological Survey에 따르면 전 세계 화산에서 매년 약 1~3억 톤의 이산화탄소를 배출하는 것으로 추정했다. 이것은 엄청난 양이지만, 사실 인간이 화석 연료를 이용해서 배출하는 이산화탄소량의 1퍼센트 정도에 지나지 않는다. 산업혁명 이후 이 양은 기후변화에 거의 영향을 주지 못했다.

우리는 화산 폭발을 엄청난 장관으로 바라볼 수 있다. 이 자연현상에도 기후변화의 그림자가 드리워져 있다. 하지만 우리가 이를 알아차린다는 데에 희망의 빛이 있다.

하찮아 보이는 먼지 안에 숨은 위험과 갈등

2018년에 한국보건사회연구원이 각종 위험에 관해 시민이 느끼는 불안 수준을 분석했다. 가장 불안도가 높게 나타난 항목이 '미세먼지 등과 같은 대기오염'이었다. 우리나라에서 오염먼지를 위험으로 인식하기 시작한 시기는 대기오염이 지금보다 심했던 2000년대 이전이 아니라 최근이다.

서울의 오염먼지 농도는 2000년대 초반이 지금보다 50퍼센트 이상 높았다. 이후 점차 떨어지다가 2013년 이후로는 제자리걸음을 하고 있다. 시민들의 통념과는 달리 오염먼지의 위험은 꾸준히 낮아졌거나 최소한 나빠지지는 않았다. 객관적인 사실의 영역에서는 변화가 없었는데도 시민들은 2013년 이전에는 인식하지 못했던 오염먼지의 위험을 알게 되었다.

이화여대 김영욱 교수는 2015년에 발표한 「언론은 미세먼지 위험을 어떻게 구성하는가?」라는 논문에서 최근 오염먼지를 위험으로 인식하게 된 이유를 분석했다. 2013년 세계보건기구WHO에서 대기오염먼지를 1급 발암물질로 규정했다. 이어 환경부에서 2014년에 미세먼지 예보를 시작했다. 이때 언론은 이에 관한 보도를 쏟아냈다. 논문에서 김영욱 교수는 "우리 주변에 상존하지만 인지되지 않고 있던 위험이 과학적 사실과 무관하게 언론에 의해 위험 문제로 재구성되어 확산될 수 있음을 언론 기사의 변화량이 보여준다"라고 썼다.

담배는 스스로 끊는 노력이라도 해볼 수 있지만 오염먼지는 개인이 통제할 수도 없다. 이처럼 사람은 자발적인 통제가 어렵거나 불확실한 위험에, 그리고 한 번 일어났을 때 피해가 크거나 익숙하지 않은 위험에 더 예민하게 반응하는 경향이 있다. 오염먼지가 무엇이기에 우리에게 불안과 갈등을 일으키는가?

오염먼지는 인간 활동과 산업에서 발생하는 지름이 머리카락 굵기의 30분의 1 정도인 2.5마이크로미터 이하(PM2.5)로, 자연스레 생긴 먼지보다 작아서 '미세먼지'라고도 부른다. 평상시 우리나라에서 PM2.5의 먼지가 PM10 먼지의 절반을 차지하지만, 황사 때는 PM2.5의 비율이 20~30퍼센트로 줄고, 고농도 오염먼지 때는 80퍼센트까지 늘어난다. 이 때문에 PM2.5와 PM10의 비율만으로도 황사인지 오염먼지인지 확연히 구분된다.

오염먼지는 발생원에서 고체 상태로 직접 나오거나(1차 생성) 가스 상태인 전구물질(반응물질)로 배출된다. 황산화물과 질소산화물이 대표적인 전구물질이다. 이들 전구물질은 공기 중 다른 물질과

화학반응을 일으켜 2차 생성 오염먼지가 된다. 우리나라 수도권에서는 2차 생성 오염먼지의 비중이 전체 오염먼지 중 3분의 2에 달하며 고농도 사례에서는 이 비율이 더 커진다.

석탄은 대부분 탄소로 구성되는데 여기에 소량의 황이 섞여 있다. 발전소나 공장에서 석탄 속에 저장된 에너지를 뽑아 쓰기 위해 석탄을 태울 때 황이 공기 중 산소와 반응해 황산화물을 배출한다. 황산화물 중 아황산가스는 수증기 등과 반응하여 황산이 된다. 이는 과거 런던 스모그의 원인이었다. 황산은 다시 암모니아 등과 반응하여 황산암모늄 등 2차 오염먼지를 생성한다.

한편 공기 중 질소는 매우 안정되어 여간해서는 산소와 반응하지 않는다. 하지만 휘발유가 공기와 혼합된 후 자동차 엔진 안에서 폭발하면 질소와 산소가 서로 반응해 질소산화물을 배출한다. 도시에서는 밤사이 차들이 뿜어놓은 질소산화물의 일종인 이산화질소가 이른 아침에 가장 높은 농도를 보이다가 해가 뜨면 급격히 감소하기 시작한다. 햇빛을 받으면 또 다른 화학 반응이 일어나 이산화질소가 없어지면서 그 대신 오존이 생성되기 때문이다. 오존 농도는 햇빛이 강렬하게 내리비치는 오후 2~3시에 가장 높게 나타난다. 과거에 자동차가 넘쳐나는 로스앤젤레스에서 이런 일이 항시 발생해 '로스앤젤레스 스모그'라고도 한다. 또한 질소산화물은 오존 등과 반응해 산성물질인 질산을 생성하고, 이는 대기 중 알칼리성 물질인 암모니아와 반응해 2차 오염먼지인 질산암모늄이 된다.

검댕black carbon은 주로 연료가 불완전 연소할 때 배출된다. 표면적이 매우 넓고 흡착력이 강해서 다른 물질을 잘 붙잡아두고, 자기 자신도 어딘가에 잘 들러붙는다. 이 밖에도 오염먼지는 여러 다른 화학적 요소로 구성될 수 있다. 이는 오염먼지가 복잡한 화학적 성질을 가지고 서로 다른 발생원, 다른 원소와의 관계와 긴밀하게 연관돼 있음을 말해준다. 또한 PM2.5로 측정된 오염먼지 농도는 1차 발생원에서 나왔는지 2차 발생원에서 나왔는지, 그리고 농도가 시간에 따라 어떻게 변화하는지에 관해 정확히 알 수 없다. 이것이 오염먼지 예측과 대응을 어렵게 만든다.

오염먼지가 같은 농도라면 크기가 작을수록 표면적이 더 넓으므로 반응이 더욱더 빨라지고 다른 유해물질들이 달라붙기 쉽다. 오염먼지는 기관지를 통과해 허파꽈리에 이르러 머물거나 혈관 속으로 파고들어 건강을 해칠 수 있고, 심지어는 수명을 줄일 수도 있다. 사망률을 높이는 주원인으로는 심근경색과 같은 심장순환 질병과 천식·폐렴 같은 폐 질환을 들 수 있다. 최근 극심한 오염먼지 현상은 시민 건강을 위태롭게 할 뿐만 아니라 정상적인 사회활동을 어렵게 하는 등 사회 불안정을 일으키기도 한다.

2019년에 세계보건기구는 대기오염과 지구온난화가 인류 건강을 위협하는 주된 열 가지 요인 가운데 하나라고 발표했다. 세계에서 매년 700만 명이 대기오염에 노출돼 목숨을 잃고 있다. 2015년 파리 기후변화협정에 따라 화석연료 사용을 감소시키면 기후변화를 줄일 수 있을 뿐 아니라, 대기오염도 줄여 매년 100만 명의 생명을 보호할 수 있다고 세계보건기구는 분석했다.

오염먼지 농도는 발생원에서 배출되는 양뿐 아니라 외부, 즉 외국에서 유입되는 양에 따라서도 좌우된다. 과거 북유럽에서 지금은 상상할 수 없는 대기오염이 일어났다. 그런데 자국의 배출량 때문에 일어난 일이 아니었다. 19세기 영국은 당시 세계 최대 공업국이었다. 석탄 사용량이 많았고 엄청난 대기오염이 발생했다. 오염은 영국 내에서 끝나지 않고 북동쪽으로 향하는 바람을 타고 저 멀리 북유럽까지 날아갔다.

당시 노르웨이의 극작가 헨리크 입센Henrik Ibsen은 1866년 출판된 그의 극시 〈브란트〉에서 '가장 나쁜 시대의 예감'을 영국에서 오는 대기오염으로 표현했다.

메슥거리는 영국의 석탄 구름이
이 지방에 검은 장막을 씌우고
신선한 녹음으로 빛나는 초목을 모조리 상처 입히며
아름다운 새싹을 말려 죽이고
독기를 휘감은 채 소용돌이치며
태양과 그 빛을 들에서 빼앗고
고대의 심판을 받은 저 마을에
재의 비처럼 떨어져 내린다

과거 유럽에서 일어났던 국경을 넘는 대기오염이 현재 동아시아에서도 발생하고 있다. 외국으로부터 유입되는 양은 바람이 불어오는 지역의 오염먼지 배출량뿐 아니라 기상 조건에 따라서도 결정된다. 즉, 매일 배출되는 오염먼지 양은 거의 같지만, 그 피해 정도는 매번 다르다. 오염먼지 농도가 그날그날 날씨에 따라 달라지기 때문이다.

중국에서 오염먼지가 발생했다 해도 항상 우리나라에 영향을 주지는 않는다. 그 이유 중 하나는 오염먼지의 지속 시간이 짧다는 것이다. 오염먼지는 배출 지역을 중심으로 고농도로 나타나며 그곳에서 멀어질수록 급격히 농도가 떨어진다. 그러므로 오염먼지가 지표 가까이 수평 확산되는 것만으로 중국에서 우리나라로 올 수 없다.

우선 먼지가 대기 경계층 위 약 1,500미터 이상의 상공으로 올라가야 바람을 타고 이동할 수 있다. 오염먼지는 대기가 불안정해야 발생 지역의 상공으로 잘 확산된다. 우리나라가 고기압 영향에 있어야 중국에서 이동해 온 오염먼지가 지상으로 가라앉는다. 고기압은 덩치가 크고 이동이 느려서 그 자리에 머무는 특성이 있다. 이 안정된 정체 조건에서 우리나라 오염먼지와 합쳐지고 축적되어 고농도로 나타날 수 있다.

먼지 농도는 계절별로 큰 차이를 보인다. 봄에는 이동성 저기압이 나타나서 중국의 오염먼지가 우리나라로 많이 이동한다. 여름철에는 주로 남풍이나 남서풍이 불어와, 중국을 통과하는 서풍이나 북서풍이 불어오는 다른 계절보다 오염먼지가 우리나라에 적게 들어온다. 또한 강수량이 많아 공기 중 먼지가 잘 씻겨나간다. 가을에는 봄과 여름보다 기압계가 안정되어 안개가 끼기 쉬운데, 이때는 고농도로 나타날 수 있다. 겨울철에는 지표가 차가워지면서 대기가 더욱 안정돼 역전층이 자주 발생하며, 이때 공기의 상하 운동이 잘 일어나지 않게 된다. 역전층에서는 오염먼지가 같은 양이라 해도 대기 하층에 축적되어 농도가 높아진다. 이처럼 오염먼지 현상은 단순히 배출 여부나 배출량 과다 같은 일대일 단순 상관관계로 연결될 수 없는, 변화무쌍한 기상 조건과 연관된 문제다.

오염먼지 문제는 중국과의 갈등을 유발할 수 있는 어려운 사안이다. 그런데 유입되는 오염먼지 책임을 일방적으로 중국에 묻긴 어렵다. 이에 관한 중국 과학자들의 연구가 2017년 3월《네이처》에 게재되었다. 그 내용은 다음과 같다.

중국 과학자들이 오염먼지로 인해 2007년에 발생한 세계 345만 명의 조기 사망자의 원인을 분석했다. 중국 오염먼지가 장거리 이동해 동아시아 국가(한국, 북한, 일본, 몽골)에서 발생시킨 조기 사망자는 약 3만 명이었다. 그런데 한국과 일본이 중국 상품을 수입하면서 발생시킨 중국의 조기 사망자는 약 4만 명이었다. 다시 말하면 중국 내에서 한국과 일본으로 수출을 위해 가동되는 공장에서 배출되는 오염먼지 때문에 발생하는 중국 조기 사망자 수가, 중국 오염먼지로 한국과 일본에서 발생하는 조기 사망자 수보다 많다는 것이다.

중국은 우리나라의 최대 수출국이자 수입국이며, 우리나라 입장에서는 무역 흑자국이기도 하다. 시장 논리에 따라 중국을 값싼 생산기지로 활용하면서, 오염먼지를 줄이라고 요구하는 것은 모순일 수 있다. 국가 단위의 이해관계를 벗어나 환경과 경제를 공유하는 공동체라는 관점에서, 중국과 함께 오염먼지 문제를 해결해야 한다. 드러난 문제만을 해결하려는 방식보다는 복잡한 현실에서 사안의 본질이 무엇인지 명확하게 알아야 할 필요가 있다.

2018년에 미국 국립과학아카데미에 발표된 논문에서 중국은 2014년에서 2016년 사이에 자국의 발전소에서 이산화황 배출을 7~14퍼센트 줄였다고 밝혔다. 중국도 오염먼지에 견디기 어려운 상황이기 때문에 스스로 배출량을 꾸준히 줄이고 있다.

세계보건기구에서 PM2.5의 연평균 기준을 세제곱미터당 10마이크로그램으로 정했다. 세계에서 이 기준보다 더 좋은 공기를 마시는 사람의 비율은 약 10퍼센트에 불과하다. 서울 역시 연평균 오염먼지 농도가 세계보건기구 기준보다 두 배 이상 높다. 이 농도는 과거 우리나라보다는 낮지만, 선진국에 비해서는 높다.

시민들은 선진국 수준의 깨끗한 공기를 요구하고 있다. 하지만 오염먼지가 쉬운 문제였다면 시민들의 엄청난 관심에 힘입어 이미 해결되었을 것이다. 세계 11위의 경제 대국인 우리나라가 오염먼지 문제에 시달린다는 것은 재원의 문제도 아니고 기술의 문제도 아니다. 정부 정책의 우선순위와 집행 의지의 문제다.

오염먼지 배출을 줄이는 것은 산업계 입장에서는 비용 증가를 의미한다. 따라서 오염먼지에 얼마만큼 대응할 것이냐는 문제는 건강과 이윤이 첨예하게 부딪치는 사안이다. 건강을 선택할 경우, 전기와 상품의 가격 상승을 얼마나 감당할 수 있는지, 차량 운행을 제한하는 정책 등을 어디까지 수용할 수 있는지도 관건이다. 시민은 맑은 공기를 요구하면서 오염먼지 배출로 누리는 편익을 함께 요구할 수 없다. 오염먼지는 정부 관료와 전문가의 영역에 머물지 않고 모든 사회 구성원이 함께 성찰해야 하는 문제다.

작디작은 오염먼지 안에 무시하지 못할 위험과 갈등을 감추고 있다. 오염먼지는 산업 문명의 실패가 아니라 성공에서 발생했다. 화려한 문명 안에서 축적되는 오염먼지로 우리는 병들고 서로 갈등한다. 작은 먼지가 거대 산업 문명에 근본적인 의문을 제기한다. 이렇게 먹고 쓰고 버리고 사는 게 맞느냐고, 우리에게 질문을 던지는 것이다.

인공강우로 미세먼지 없애기는 현대판 기우제다

2019년 1월 기상청이 인공강우가 미세먼지를 얼마나 줄일 수 있는지 분석하기 위한 실험을 서해상에서 한다고 발표했다. 청와대에서는 "고농도 미세먼지로 국민들의 어려움이 크고 인공강우를 포함한 다양한 방안을 모색해달라는 국민들의 목소리가 있어, 기상청의 인공강우 실험에 미세먼지의 저감 실험 포함 가능 여부를 검토하게 됐다"라고 밝혔다. 하지만 이는 '진격로'만 응시한 채 '디딤판'을 살펴보지 않은 행동이다.

1940년대부터 과학자들은 구름 안에 요오드화은이나 드라이아이스 같은 '구름 씨앗'을 뿌려서 구름방울을 키워 빗방울이나 얼음 결정으로 만드는 과정을 항공 실험해왔다. 이를 '구름씨뿌리기'라 하며 이러한 방법을 통해 비나 눈이 내리도록 하는 것을 '인공강우'라 한다. 한편 빗방울이 떨어지면서 그 표면에 수십에서 수백 개의 미세먼지(에어로졸) 입자가 모일 수 있다. 이 과정에서 미세먼지가 제거되어 공기를 맑게 할 수 있다. 실험실에서는 명백한 이론이지만 실제 자연에서는 그 효과가 대부분의 경우 불확실하다.

2010년대부터 중국과 인도, 태국에서 대기오염을 줄이기 위해 인공강우 실험을 했다는 외신 보도가 있었다. 그러나 아직 그 실험에서 얻은 객관적이고 유의미한 연구 결과의 보고서나 논문을 찾을 수 없다. 미국 국립과학아카데미National Academy of Sciences에서 2003년에 「날씨 조절Weather Modification」 종합보고서를 발간했다. 여기에서 "과학은 구름씨뿌리기가 긍정적인 효과를 가지고 있다고 확실하게 말할 수 없다. 최초의 구름씨뿌리기 이후 55년 동안 수행된 실험을 통해 자연 과정을 더 잘 이해하게 되었다. 하지만 구름씨뿌리기로 비가 내린다는 과학적인 증거를 아직 찾지 못했다"라고 결론지었다.

씨앗을 심었다 해도 물도 햇빛도 없는 데서 싹을 틔워 자라게 할 수 없다. 마찬가지로 자연적으로 구름이 없으면 구름씨뿌리기를 한다고 해서 비를 내리게 할 수 없다. 이스라엘은 인공강우를 실용적으로 활용하고 있는데 건기가 아니라 우기에 수행한다. 건기에는 거의 구름이 없을 뿐 아니라 있다 해도 인공강우를 하기에 적절하지 않기 때문이다. 인공강우를 시도할 경우 살펴보아야 할 또 다른 요소는 지형이다. 이스라엘 인공강우 연구에 의하면 평지보다 산간 지역에서 시도했을 때 성공적이었다. 산간 지역에서는 구름씨뿌리기가 지형에 의한 상승 기류 효과와 합쳐져 강수를 증가시킬 수 있기 때문이었다.

우리나라에서 미세먼지를 줄이기 위한 인공강우 실험을 서해상에서 한다고 한다. 미세먼지 농도가 높다는 것은 고기압 영향하에 있다는 것을 의미한다. 고기압에서는 구름이 거의 없다. 기상 조건도 지형도 인공강우에 알맞지 않다. 다시 말해 중국발 미세먼지 농도가 높다는 것은 인공강우에 적절하지 않다는 것을 의미한다.

비가 내린 후 펼쳐진 파란 하늘이 아름답다. 이 파란 하늘은 그전에 내린 비가 미세먼지를 모두 씻어냈기 때문이라고 생각하기 쉽다. 중국 과학자들이 날씨 조건에 따라 미세먼지 농도가 어떻게 달라지는지 연구를 수행했다. 미세먼지는 호우 이상의 강한 강수에서만 농도가 크게 낮아졌다. 미세먼지가 비에 씻겨 없어졌다기보다는 호우 발생 때 함께 강해진 바람에 날려 미세먼지가 대부분 없어진 것이라고 결론을 내렸다. 약한 강수에서는 미세먼지가 거의 줄지 않았다.

설사 인공강우로 미세먼지 줄이기에 성공한다고 해도, 물리학적으로 문제 해결이 될 수 없다. 깨끗하게 해야 할 공기가 너무나 많아, 방 안의 공기청정기와 같은 효과를 기대할 수 없기 때문이다.

영국과 미국이 런던 스모그나 로스앤젤레스 스모그를 인공강우로 해결하지는 않았다. 이 두 나라가 인공강우를 할 실력이나 능력이 없어서 그런 게 아니다. 인공강우를 통한 미세먼지 저감은 과학적 증거가 없기 때문에 해결책이 될 수 없었다. 하지 말아야 할 것을 결정하는 것은 해야 할 것을 결정하는 것만큼 중요하다.

정부가 취해야 할 근본적인 조치는 미세먼지 감축을 위한 기

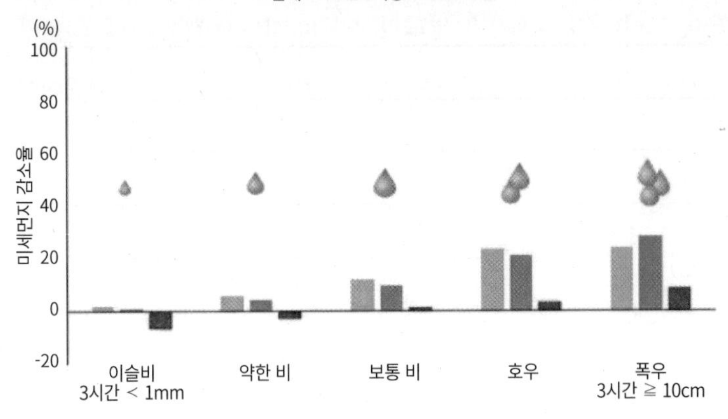

강수에 따른 미세먼지 제거 효과. PM1~2.5 미세먼지는 폭우에서도 8.7퍼센트밖에 제거되지 않았고 보통 비 이하에서는 거의 효과가 없었다. 반면, PM2.5 이상 미세먼지는 보통 비에서 약 10퍼센트 감소했고 폭우에서는 30퍼센트 가까이 줄어드는 효과가 있었다. 출처: Feng & Wang, 2012

준 강화, 규제 강화와 집행, 대중교통 인프라 개선 등일 것이다. 그런데 이 같은 일을 수행하려면 비용이 많이 들고, 이해관계가 충돌해 골치 아프고, 껄끄럽고, 논란을 일으킨다. 정부는 빨리 해결할 수 없는 이런 진흙탕에서 벗어나고 싶을 것이다. 그러나 여기에는 비책이 있을 수 없다. 그렇지 않았으면 이미 해결되었을 것이다. 인공강우만 하면 되는데 뭐 하러 저 힘든 길을 가겠는가? 어려운 걸 어떻게 다루는지를 보면 진짜 실력이 드러난다.

조선 왕조에서 가뭄이 들면 하늘에 기우제를 올렸다. 과학적으로 보면 요행을 기대하는 것이다. 하지만 당시의 세계관에서는 그것이 최선이었다. 디딤판이 없는 진격로에서는 목표에 도달할 수 없다.

그 무엇이라도 좋으니 당장 눈에 보이는 조치를 취하고 싶을 거다. 그러나 그 대부분은 엉터리 조치로 이어질 뿐이다. 우리 정부의 정책은 요행이 아니라 과학적 합리성에 기반을 두고 수립되어야 한다.

5장

대응,
기후변화 시대에
생존하기 위해

누가 과학을 부정하는가

도널드 트럼프Donald Trump 미국 대통령은 파리 기후변화협약 탈퇴를 선언했다. 트럼프는 인간 활동에 의한 기후변화를 믿지 않는, 소위 기후변화 부정론자deniers의 태도를 보였다. 기후변화를 막기 위한 행동이 불필요하다는 의제를 강화하기 위해서, 과학적 근거에 대한 대중적 불신을 조장하는 관점을 따른 것이다.

과학은 어느 학문보다 객관적인 분야로 여겨진다. 그러나 이익이 걸린 문제라면 이 전제는 달라진다. 예를 들어 1950년대부터 담배 업계는 흡연이 건강에 미치는 악영향을 폭로하는 의학계의 연구 성과를 이익 침해로 간주했다. 담배 회사들은 특정 개인에게 발생한 암의 원인이 흡연이라고 단정하기 어렵다는 불확실성을 적극적으로 공략했다. 그리고 담배 외에 퇴행성 질환을 일으킬 수 있는 요인들에 관한 연구를 지원해 다른 상관관계를 제시하며 논점을 흐리는 전략을 활용했다.

근대 과학은 "모든 것을 의심하라"라는 르네 데카르트René

Descartes의 회의론懷疑論으로 진리를 찾으려 했다. 회의론은 기존에 확고하다고 믿어왔던 모든 것을 의심하고 부정하는 태도다. 즉, 거짓 믿음만 회의의 대상이 되는 것이 아니라 과학도 회의의 대상이 된다. 그래서 진정한 과학자는 회의론자다.

담배 회사 로비스트의 "의심이 우리의 상품이다"라는 유명한 메모처럼, 기후변화 부정론자들은 회의론을 펼치기 시작했다. 이 과정에서 과학계는 불행히도 '회의론자skeptic'라는 용어를 강탈당했다. 즉, 회의론은 기후변화 논쟁에서 원래 의미와 완전히 다른 뜻으로 쓰이고 있다. 다시 말하면 이미 입증되어 널리 인정받은 과학적 원칙들을 밀쳐내고 싶을 때 쓰이는 말로 전락한 것이다.

과학적 의견이 불일치하거나 불확실성이 있는 경우에는 근거의 우월성을 판단의 기반으로 삼는다. 과학은 완벽한 근거에 기반을 두는 것이 아니라, 물질적인 형태로 우월한 증거를 제시하고, 그 증거들 사이의 균형, 여러 갈래의 증거들이 보여주는 일관성을 기초로 하는 분야이기 때문이다. 누구나 견해에 대해 자신의 의견을 주장할 수 있으나, 증거에 기초한 우월적 사실에 대해서는 그런 의견을 내세울 수 없다.

정상적인 회의론은 증거를 고려한 다음 결론에 도달한다. 반면 부정론은 결론을 부인한 후, 신념과 상반되는 모든 증거를 무시한다. 즉, 기후변화 부정론자는 자신의 신념에 부합하는 증거만 받아들이고 그에 반하는 증거의 타당성은 무시하거나 과소평가한다. 이 때문에 부정론은 과학의 외양을 갖추려고 노력하지만, 과학이 될 수 없다.

기후변화 부정론은 반증 시험대를 통과해야 하는 학계에서 주장되는 게 아니라, 언론을 통해 홍보되려는 경향이 있다. 기후변화가 학계에서 주류이기 때문에 회의론을 학회에서 발표하는 게 어려운가? 그게 아니다. 과학 세계에서는 지배적인 학설을 따라야만 인정받고 명성을 얻는 게 아니다. 통설을 뒤집는 새롭고 놀라운 연구 결과를 보여야 위대한 과학자가 될 수 있다. 그것은 갈릴레오, 뉴턴, 다윈, 아인슈타인이 걸었던 길이기도 하다.

지구가 더워지지 않았다거나 기후변화가 인간에 의해서 일어난 일이 아니라는 것을 밝힐 수만 있다면 그 과학자는 스타가 될 것이다. 기후변화 대응을 위한 비용을 치를 필요가 없다는 것을 밝혔으니 얼마나 눈에 띄는 과학자인가? 이처럼 부정론이 주류가 될 수 있는 기회는 넘치는데도, 빈약한 근거로 인해 학계에서는 발을 붙이지 못하고 있다.

언론이 기회 공평의 원칙을 기후변화에도 곧이곧대로 적용하는 경우가 있다. 이러한 태도는 과학과 반과학 사이의 다툼을 다룰 때의 게으른 접근법이다. 과학에서는 모든 관점이 동등할 수 없다. 객관적 사실이 존재하기 때문이다. 얼핏 보면 부정론이 팽팽히 맞서는 논쟁의 한 축을 담당하고 있는 것처럼 보인다. 그러나 논쟁이라는 틀 자체가 과학적 사실에 흠집을 내려고 노력해온 부정론자들이 만들어낸 허구에 불과하다. 부정론은 지난 세월 동안 수많은 증거와 검증을 통해 확립된 사실들을 무시하고 지엽적이거나 검증되지 않은 한두 가지 현상에 집착한다. 그러므로 극소수의 부정론자 입장을 같은 비중으로 다루는 것이 능사가 아니다.

최근 들어 언론은 흡연이 건강을 해친다는 결과를 부정하는 사례를 인용하지 않는다. 기후변화 부정론도 마찬가지가 되어야 한다. 이미 2015년 영국《가디언》은 부정론자들이 과학을 공격하는 시간을 낭비하도록 내버려둘 것이라고 했다. 언론에서 부정론을 다룰 가치가 없다고 선언한 것이다. 인간활동에 의한 기후변화 논쟁은 과학에서는 이미 끝났다.

기후변화 부정론자들의 주장은 시대에 따라 변천 과정을 겪었다. 첫 번째 단계는 기후변화가 없다고 주장하는 단계다. 그러다가 부인할 수 없는 증거들이 쌓이자 기후변화는 있지만 그게 인류에 의한 온실가스 배출 때문이 아니라 태양이나 화산 활동과 같은 자연적 현상의 결과라고 주장하는 두 번째 단계로 넘어갔다.

태양이 더 밝아지면 지구온난화가 일어날 수 있다. 하지만 소빙하기 이후 태양은 지구온난화에 5퍼센트 정도를 기여했을 뿐이다. 1980년대 이후 인공위성이 태양을 감시하고 있는데, 햇빛의 평균 강도는 변화가 거의 없었다. 태양 흑점 11년 주기에 따른 기온 변화는 최대 0.1도에 불과하다. 한편 화산 폭발로 분출한 이산화탄소는 인간이 배출하는 양의 1퍼센트 미만이므로 현재의 지구온난화를 설명하지 못한다. 오히려 화산 에어로졸 분출이 햇빛을 단기적으로 가려 대기를 냉각시키는 효과가 더 크다.

또한 기후변화 부정론자는 전후관계를 인과관계로 여기는 오류를 범한다. 과거에는 기온이 상승하거나 하강함에 따라 이산화탄소 농도가 증가하거나 감소하는 경우가 있었다. 대표적인 사례가 10만 년 주기의 빙하기-간빙기 순환이다. 그런데 오늘날은 인간 활동이 이산화탄소 농도를 증가시키고 이에 따라 기온을 상승시킨다. 기후변화 부정론자는 과거에 기온이 상승한 후 이산화탄소가 증가했으므로 오늘날의 이산화탄소 증가는 인간 활동 때문이 아니라고 말한다. 그러니까 이산화탄소를 줄일 필요가 없다고 주장한다. 과거에 어떤 요인이 변화를 일으켰다고 현재 일어난 변화 역시 그 요인이 일으킨 것으로 여기는 사고방식이다. 이는 과거에 산불이 자연발생적으로 일어났기 때문에 성냥과 휘발유를 소지한 방화 용의자가 현재 일어난 산불을 일으키지 않았다는 오류와 같다.

이런 주장도 통하지 않게 되자, 이제 세 번째 단계로 넘어간다. 온실가스 배출 때문에 온난화가 발생한다고 치자. 그렇다 해도 나중에 적응하면 된다고 주장한다. 적응으로 발생하는 미래 비용이 지금 화석연료 사용을 줄이는 것보다 더 적다는 것이다. 이는 지금 대응하는 비용에 초점을 맞출 뿐 지금 무대응이 초래하는 비용을 무시했기 때문에 가능한 계산이다. 무대응으로 인한 해수면 상승, 사막화, 극한 날씨, 생물 멸종, 대규모 기후 난민 등을 포함한 비용은 계산조차 불가능하다. 기후변화 대응을 위해 지금부터 완만하게 비용을 치를 것인지, 아니면 파국적인 위험에 도달해 엄청난 비용을 치를 것인지가 유일한 선택지다. 그리고 대응이 늦어질수록 치러야 할 비용도 급격히 증가한다.

이처럼 부정론은 과학 자체를 공격함으로써 기후변화 문제를 이해하고 대응하는 데 혼란을 일으킨다. 이는 언어의 기초를 허물고 구조를 흔들어서 사람들 사이의 소통을 어렵게 만드는 행위에 비유할 수 있다. 결국 기후변화 부정론은 우리 지구환경을 위태롭게 하고, 우리 기술 문명을 떠받치는 과학 체계를 교란한다. 또한 우리 민주국가가 과학 결과를 공공정책에 반영할 때, 사실에 기반을 둔 합의를 방해한다.

과학은 완벽함을 추구하지만 그 자체로 완벽하진 않다. 그렇다고 과학이 현실에서 아무 힘이 없는 것이 아니다. 휴대폰 위치 정보가 100퍼센트 정확하지 않고, 독감 약을 먹어도 바로 독감이 안 나을 수 있지만, 우리는 위치 정보와 독감 약을 신뢰한다. 마찬가지로 기후변화가 절대적으로 확실해서 대응해야 하는 것이 아니다. 기후변화도 다른 과학과 마찬가지로 과학적 반증에서 살아남은 역동적 진실이기에, 우리가 받아들이고 이에 대응해야 하는 것이다.

가장 큰 시장 실패인 기후변화

기후변화에 대해 아무 조치도 취하지 않는다면 이는 '미래 지구를 파탄 내는 길'이다. 그런데 지금 당장 모든 화석연료 배출을 중단한다면 이는 '현재 삶을 파탄 내는 길'이다. 이런 양극단을 고려했을 때 적절한 정책은 지구를 파탄 내는 길과 삶을 파탄 내는 길 중간 어디쯤 있어야 한다.

우리는 자신의 편익을 위해 화석연료를 태운다. 그런데 의도하지 않게 이산화탄소를 배출해 기후변화가 일어나며 이를 막으려면 비용이 든다. 이 비용이 편익을 누리지 않은 사람에게도 영향을 미치므로 '외부효과'라 한다. 한 예로 주유소의 기름값에는 기후변화를 유발하는 피해 비용과 환경오염 때문에 생겨나는 의료비용이 포함되어 있지 않다. 화석연료는 비합리적으로 싸게 판매되고 있는 셈이다.

이렇게 되면 모두가 파국적인 피해를 보게 되는 공유지의 비극이 일어난다. 공유지의 비극이란, 공유 목초지에서 자기 이익만을 위해 더 많은 소를 풀어놓다 보면 결국은 풀이 모자라 모든 소가 굶어 죽게 되는 상황을 뜻한다. 자기 이익만을 극대화할 경우, 결과적으로 자신을 포함한 공동체 전부가 피해를 본다. 이처럼 내게 유리한 선택이 사회에도 유리할 이유는 없다. 내 비용을 최소화하는 것과 사회 전체의 비용을 최소화하는 것은 별개의 문제다.

케임브리지대학교의 경제학자 아서 피구Arthur Cecil Pigou 교수는 사회비용을 최소화하기 위해 외부비용이라는 개념을 창안했다. 그는 실제 낸 비용이 외부비용을 포함한 전체 비용보다 낮을 경우, 외부비용만큼 세금을 부과해야 한다고 주장했다. 그의 이론에 따른다면 공공정책은 탄소에 적절한 가격을 매겨서 기후변화의 외부효과를 제거하는 데 목표를 두어야 한다.

탄소에 가격을 매기는 것은 탄소배출이 해로우니 감축해야 한다는 신호가 될 것이다. 탄소 가격을 정하려면 기후 피해 비용과 온실가스 감축 비용 사이의 균형을 찾아야 한다. 감축 비용은 지금 발생하지만, 위험 감축이라는 편익은 미래에 발생한다. 일반적으로 현재 비용을 기준으로 미래 편익을 할인한다. 할인은 이자를 거꾸로 적용한 것이다. 할인한다는 것은 내일보다는 오늘의 돈 가치가 더 크다는 것을 의미한다.

할인율을 5퍼센트로 적용하는 경우 100만 원의 현재가치는 30년 후에는 23만 원, 100년 후에는 1만 원까지 떨어진다. 이렇게 보면 100년 후에 벌어질 일에 대해서는 신경 쓸 이유가 없어진다.

만약 할인율을 1퍼센트로 적용하면, 30년 후에는 74만, 100년 후에는 37만 원으로 떨어진다. 따라서 미래의 이익 또는 피해를 산정할 때 할인율에 따라 결과는 천차만별로 달라진다.

할인율은 미래 가치를 현재 가치로 환산해주는 매개물로서 현재와 비교해 미래가 얼마나 가치 있는가를 판단할 수 있게 한다. 할인율이 높을수록 미래 가치는 작아져 기후변화에 대응할 필요가 작아진다. 반면 할인율이 낮으면 낮을수록, 미래가 더 중요해진다. 다시 말해, 현세대가 기후변화를 멈추기 위해 비용을 더 많이 지불하면 할수록, 그에 따른 긍정적인 효과는 다음 세대에게 더 많이 돌아간다.

런던정치경제대학교 니콜러스 스턴Nicholas Stern 교수는 2006년 영국 정부의 지원을 받아 일명 「스턴 보고서Stern Review」를 작성했다. 이 보고서는 지금까지 이 세계가 경험한 가장 큰 시장의 실패가 기후변화라고 주장했다. 외부효과로 인한 시장 실패를 막기 위해 1.4퍼센트 할인율을 적용해서 기후변화 대응의 경제성을 분석했다. 이는 기온 상승 1.5~2도 이내로 막는 데 따른 비용을 지금 부담하는 것이다.

스턴 보고서는 지금 기후변화 대응을 전혀 하지 않으면 이번 세기 중반에 기후 비용이 세계 GDP의 5~20퍼센트에 이를 것이라고 했다. 그 어떤 나라도 이 정도 비용을 기후변화 피해를 막는 데 사용하면서 정상적인 재정을 꾸려갈 수 없다. 반면 지금 행동에 나선다면 기후변화 대응 비용이 GDP의 1퍼센트 정도면 될 것으로 예상했다. 즉, 스턴 보고서는 아무것도 하지 않았을 때의 미래 비용이 기후변화에 대응하는 현재 비용보다 더 크다는 사실을 계량적으로 보여주었다. 탄소를 줄이는 것이 경제성장의 장애물이 아닐 뿐 아니라, 지속적인 경제성장을 위한 유일한 길이라고 결론지었다.

그러나 다른 경제학자들은 스턴이 이용한 할인율이 너무 낮아 기후변화 비용이 감당할 만한 수준보다 높게 평가되었다고 비판했다. 투자할 수 있는 재원은 생산성이 가장 높은 용도에 집중해야 하므로 기후변화를 낮추기 위한 투자도 결국 다른 투자와 경쟁해야 한다고 주장했다.

이러한 관점에서 2018년 노벨경제학상을 받은 예일대학교 노드하우즈 교수는 온실가스 배출 절감 비용과 그 편익을 비교해 최적의 길을 찾으려고 했다. 노드하우즈는 할인율 3퍼센트를 제시했는데 이는 기온 상승 3~3.5도에 따른 비용을 감당한다는 것을 의미한다.

어떻게 할인율이 3퍼센트로 산출될 수 있었을까? 기후 붕괴로 인해 가난한 나라의 수억 명이 굶주림과 이주를 겪게 된다 해도 GDP는 작은 폭으로 떨어질 것이라 계산되었다. 가난한 사람들은 세계 경제에서 큰 가치를 부여받지 못하기 때문이다. 사람도 이러니, 생태계가 높은 가치를 지닌 것으로 평가될 리 없었다. 종의 멸종은 생명 그물망에 매우 치명적이어서 돈으로 환산할 수 없지만, 그와 관련된 경제적 가치도 낮게 잡았다. 게다가 노드하우즈는 기후변화에 가장 취약한 부문인 농업, 임업, 어업 등의 피해가 세계 전체 GDP에 약 4퍼센트에 불과하다고 계산했다. 이 주장이 맞다면 세계 식량 공급이 붕괴한다 해도 세계 경제가 계속 성장할 수 있다고 믿어야 한다. 또한 빙하가 깨지고 메탄이 배출되는 등 양의 되먹임으로 발생하는 기후변화의 티핑 포인트를 고려하지 않았다. 지구가 티핑 포인트를 넘으면 그 어떤 비용을 치른다 해도 인간에게 알맞은 지구는 없을 것이다.

그렇다 해도 노드하우즈가 계산한 기후변화 피해액은 현실을 그대로 반영한 것이다. 다만 현실이 정의롭지 않다는 것이 문제다. 노드하우즈는 미국에서 기후변화 대응의 필요성을 절박하게 주장하는 학자이기도 하다. "정책은 과학 저 멀리 뒤처져 있다. 우리는 낙관하기가 어렵게 되었다. 트럼프 행정부의 형편없는 정책으로 미국은 사실상 퇴보하고 있다"라고 2018년 노벨상 수상 연설에서 트럼프 정부의 기후변화 정책을 비판했다.

지난 2010년 오바마 정부에서는 할인율 3퍼센트를 적용해 탄소의 사회적 비용을 톤당 45달러로 책정했다. 그런데 트럼프 행정부에서는 탄소 비용을 톤당 1~7달러로 수정했다. 여기에 적용한 할인율은 7퍼센트인데, 이는 미래 가치뿐 아니라 미국을 제외한 다른 나라의 가치를 거의 무시한 것이었다.

배출 감축 비용은 국가 단위에서 발생하지만, 기후변화 감소로 인한 편익은 세계에 골고루 퍼진다. 근거리 비용과 원거리 편익의 구조는 강력한 무임승차 인센티브로 작용한다. 배출 감축을 위한 세계적인 협약에 참여하지 않는 국가들은 다른 국가들이 이행한 값비싼 기후변화 대응의 결과에 무임승차할 수 있다. 또한 배출 감축에서 비롯된 편익은 본질적으로 지금이 아닌 미래에 발생한다. 그러므로 현세대가 기후변화를 처리하는 비용을 미래 세대에게 떠넘김으로써 무임승차하려는 경향도 있다. 이것이 바로 무임승차를 부추기는 국가주의 딜레마다. 현재 세계 최대 강국인 미국이 그에 걸맞지 않게 무임승차를 선택한 것이다.

온실가스는 수백 년에 걸쳐 계속 축적되면서 영향을 미치므로 미래 세대는 지금 배출한 온실가스로 인한 편익은 없이 위험과 이에 따른 비용을 감당해야 한다. 기후변화의 비용을 미래 세대에게 모두 떠넘기는 것은 비윤리적이다. 우리를 따라서 다음 세대도 역시 그 비용을 그다음 세대로 떠넘기게 된다. 이렇게 되면 기후변화의 문제는 후손의 후손에게로 넘겨져, 결국 인류는 멸망을 자초하게 된다. 이는 황금알을 낳는 거위의 배를 가르는 행위다. 지금 황금을 더 많이 가지기 위해, 미래에도 황금을 계속해서 생산할 수 있는 기후환경을 없애겠다는 것이다.

지금까지는 '지구를 파탄 내는 길'을 통해 문명을 구축해왔으나 이 방식을 이제는 더 지속할 수 없게 되었다. '미래 지구를 파탄 내는 길'이 곧 다가올 '미래 삶을 파탄 내는 길'이기 때문이다. 다음 세대에게 알맞은 지구를 물려주려면 기후환경의 가치가 높아져야 한다. 물, 공기, 생태계는 우리 생존에 절대적이지만, 우리 생존과 상관없는 다이아몬드에 비한다면 시장에서 가치가 없다. 가격이란 본질적인 가치와는 무관하며 수요와 공급에 따라 결정되기 때문이다. 하지만 기후변화의 시대에는 한때 귀중하다고 여겼던 것들의 가치는 낮아지고, 하찮다고 여겼던 기후환경의 가치는 높아져야 한다.

무임승차국이 강제승차국보다 돈을 더 내는 게 정의다

미국 마이애미대학교에서 태풍이 지나갈 때 바닷속에서 사는 물고기에게 무슨 일이 벌어지는지를 연구했다. 빠르고 멀리 움직일 수 있는 상어 같은 물고기는 기압 변화를 미리 감지해 태풍에서 멀리 도망간다. 반면 자기 영역이 있고 빨리 움직이지 못하는 물고기, 거북이, 게와 굴은 강한 파도에 어찌할 바를 몰라 어려움을 겪고 잘 먹지도 못한다. 더구나 이들은 여러 해류가 섞여 염분이 급격히 변하거나 산소 농도가 낮은 물이 솟아 올라와서 고통받는다.

바닷속에서만 강한 것은 위험에서 벗어나고 약한 것만이 그 위험을 고스란히 받아내는 게 아니다. 육지 위의 인간 사회도 마찬가지다. 자연재해에 가장 취약한 사람들은 그 재앙에 탄력적으로 대응할 수 없는 사람들이다. 주로 가난한 사람의 삶과 터전이 무너진다. 자연재해는 우리 세계의 예외적 상태로 나타나는 것이 아니라, 일상에 잠복해 있던 실존적 차원으로 드러난다. 즉, 재해는 우리 세계의 불평등을 보여준다.

온실가스의 약 70퍼센트는 세계 인구의 20퍼센트 이하가 거주하는 선진 공업국에서 배출되었다. 이 지역에서 배출된 온실가스가 일으킨 기후변화는 국경을 넘어 세계적인 문제이며, 인간을 넘어 전 지구적 생태 문제이기도 하다. 그런데 온실가스를 언제 어디서 누가 배출했는지는 그 피해를 받는 시기, 장소, 사람과 상관이 거의 없다.

기후변화 피해는 세계 온실가스 3퍼센트만을 배출한 저위도에 사는 가난한 10억 명에게 집중된다. 태평양과 인도양의 가난한 섬나라들은 해수면 상승으로 인해 지구상에서 사라질 위기에 처해 있다. 아프리카와 아시아의 가난한 나라에 사는 사람들은 대부분 농업에 의존하기 때문에 기후변화로 치명적인 피해를 받기 쉽다. 즉, 기후변화의 비대칭적 피해 영향은 가난한 나라를 더욱 고통스럽게 한다.

기후변화로 인한 피해는 같은 국가 안에서도 소득 수준이 낮거나, 건강 상태가 좋지 않거나, 거주 환경이 불량한 사람에게 더 큰 고통을 준다. 우리나라에서도 극한 날씨는 가난하고 힘없는 사람을 더 가혹하게 공격한다. 홍수가 발생하면 지하에 사는 사람이 더욱 어려움을 겪고, 폭염에는 쪽방촌 작은 방에 사는 노인이 더욱 고통을 받는다.

2016년 과학 저널《네이처》에 호주 과학자들이「온실가스 배출량과 기후변화 피해 간의 세계적 불일치」에 관한 보고서를 발표했다. 온실가스를 많이 배출해 기후변화 원인을 제공했지만, 그 피해를 적게 받는 기후변화 '무임승차Free riders' 국가는 일반적으로 온대와 아열대지역에 있다. 반면 적은 온실가스를 배출했으면서도 큰 피해를 보는 '강제승차Forced riders' 국가는 주로 열대지역 위치한다. 우리나라는 기후변화 무임승차 국가에 속한다. 즉, 기후변화에 책임이 큰 나라다.

저위도 국가가 기후변화에 취약한 이유는 단지 가난 때문만은 아니다. 기후변화에 관한 정부 간 협의체 5차 보고서는 저위도 지역에서 기후변화가 빨리 일어날 것으로 전망했다. 저위도 지역은 계절과 날씨의 변동이 작아서 다른 지역보다 기후변화가 빨리 드러나기 때문이다.

2017년《네이처》에 실린 논문에서, 세계은행의 스테판과 줄리(Stephane & Julie, 2017)는 기후변화로 인해 2030년 극빈층이 세계적으로 얼마나 증가하는지를 산출했다. 성장이 빠르고 형평성equity이 높은 상태에서는 기후변화 영향에 따라 극빈층 인구가 300만 명에서 1,600만 명까지 증가할 것으로 전망했다. 반면 성장이 느리고 형평성이 낮은 상태에서는 극빈층 인구가 3,500만 명에서 1억 2,200만 명까지 늘어날 것으로 내다보았다. 이 논문에서 경제성장이 빈곤을 줄이는 데 가장 중요하지만, 경제성장만이 빈곤을 해결할 수 있는 유일한 길이 아님을 강조했다. 따라서 빈곤층을 줄이려면 경제성장과 더불어 기후변화와 불평등도 해결해야 한다.

기후변화가 자연에서 사회의 울타리 안으로 들어오는 순간, 우리는 '정의justice'를 고려해야 한다. 기후변화는 원인 제공자와는 다른 세대와 다른 지역의 사람에게 크게 영향을 미치기 때문이다. 생태학자인 배리 카머너Barry Commoner는 그의 책 『원은 닫혀야 한다』에서 환경 위기는 환경 그 자체만이 아니라 사회와의 연결고리를 알아야 극복할 수 있는 문제라고 보았다. 그러므로 모성애 회복과 같은 추상적 차원이 아니라 사회 정의 추구라는 근본적 차원에서 환경 문제를 다뤄야 한다고 주장했다. 기후변화 역시 마찬가지다.

기후변화 대응은 '적응'과 '저감'을 통해 수행된다. '적응'은 이미 배출한 온실가스로 인해 기후변화를 피할 수 없는 상황에서 그 부정적인 결과를 줄이는 정책이다. '저감'은 기후변화의 원인인 온실가스 배출량을 줄이는 정책이다. 두 대응 정책에서 지리적·세대적 불균형을 줄이기 위한 정의를 고려해야 한다.

기후변화 적응은 같은 시대에 사는 사람 간의 정의를 구현하기 위한 정책이다. 부유한 국가는 잘살기 위해 온실가스를 배출한다. 반면 가난한 국가는 배출 책임과 무관하지만, 기후위험에 노출되어 피해를 받을 가능성이 더 높다. 이처럼 정의롭지 못한 현실을 해결하기 위해 빈곤 국가와 취약 계층에 대한 지원, 사회 기반시설 구축과 예방적 조치 등이 수행되어야 한다.

이산화탄소는 100년 이상 대기 중에 머무르며, 그 일부는 1,000년 이상 남아 있기도 한다. 지금 온실가스 배출량을 줄이지 않으면 우리 후손이 감당해야 한다. 다시 말해서 결과를 일으킨 원인 유발자와 그 결과를 극복해야만 하는 처리자가 동시대인이 아니라는 점이 문제다.

기후변화 저감은 세대 간 정의를 구현하기 위한 정책이다. 우리 세대가 잘살기 위해 배출한 온실가스는 다음 세대에도 계속 남아 기후변화를 일으키기 때문이다. 다음 세대는 우리 세대가 배출한 온실가스로 인한 이익은 보지 못하고 피해만을 감당해야 한다. 화석연료 사용을 줄이는 것이 기후변화 저감 대책의 핵심이다. 이는 온실가스 감축 기술 개발과 배출 감축을 위한 국제공조 등으로 이루어진다.

지구 전체에서 지속 가능한 삶을 유지하려면, 모든 인류가 참여해 기후변화 해결을 모색해야 한다. 그런데 지금까지 탄소 배출을 통해 부를 이룬 국가는 앞으로 기후변화를 막기 위해 가난한 나라도 탄소 배출량을 줄여야 한다고 압박한다. 부자 국가들은 자기들만 비싼 음식을 먹고 나서, 가난한 이웃을 초대해 차만 같이 마시고 음식값을 나누어 내자고 말하는 것과 같다. 빈곤이라는 긴박한 문제를 안고 있는 후진국은 가난 퇴치와 기후변화 대응을 동시에 추진해야 하는 이중 고통을 겪어야 한다.

그러므로 유엔기후변화협약UNFCCC에서는 기후변화가 인류 공동의 과제이지만, 선진국이 지금껏 온실가스를 배출한 것에 대한 역사적 책임을 져야 한다는 점을 강조한다. 이를 위해 1997년 기후변화협약에 관한 교토의정서에서 선진국은 의무적으로 온실가스를 줄이기로 합의했다. 그 후 중국이 세계 최대 온실가스 배출 국가가 되고 개발도상국이 세계 배출량의 60퍼센트를 차지하게 되었다. 이런 이유로 2015년 파리 기후변화협약에서는 2020년부터 예외 없이 모든 국가가 온실가스 감축에 참여하기로 합의했다. 이때 기후변화 대응을 위해 모두가 합의할 수 있는 정당한 원칙을 정했다. 그 원칙이 '형평성', '공동이지만 차별화된 책임', '개별 국가의 역량'이다.

기후변화 문제를 해결하기 위해서는 비용이 수반된다. 이 비용 부담에 대한 의지와 능력이 있다 해도, 온실가스 감축량 분배와 저감을 위한 비용을 누가 얼마나 어떻게 부담해야 하는지를 결정하는 것은 어렵다. 여기엔 선진국과 개발도상국 간에 비용을 어떻게 공정하게 분배하느냐 하는 '형평성'이 중요하다.

'공동이지만 차별화된 책임' 원칙은 모든 국가가 공동으로 온실가스를 줄여야 하지만, 배출량이 많은 국가가 배출량이 적은 국가보다 더 많은 책임을 져야 한다는 뜻이다. 책임은 지구온난화에 기여한 정도인 산업혁명 이후 누적 배출량으로 정해진다. 저감 비용은 각 나라의 책임 정도에 비례하여 배분한다.

'개별 국가의 역량' 원칙은 기후변화 대응에 드는 비용을 각 나라 지급 능력에 비례하여 배분해야 한다는 것이다. GDP 수준 또는 1인당 소득이 높은 국가가 감축 비용을 많이 부담해야 한다.

기후변화는 가난한 사람만의 문제라 생각하기 쉽다. 부유한 나라에 사는 사람들은 기후변화에 적응할 수 있는 수단을 갖고 있지만, 가난한 사람은 대응 능력이 없어 어려움에 부닥치기 때문이다. 하지만 이것도 인류가 기후변화를 관리할 수 있는 상태에서만 가능하다.

파리 기후변화협약의 목표대로 산업화 이전 시기보다 지구 평균 기온 상승을 2도 이하로 유지하는 경우에만 지구적인 고통을 막을 수 있다. 2도를 넘으면 가난한 사람이든 부유한 사람이든 상관없이 파국에 도달할 가능성이 크다. 1도 상승한 지금도 이미 미국은 허리케인, 가뭄, 산불과 한파에 절절매고 있지 않은가?

우리가 정의롭게 변하지 않는다면, 기후변화로 인한 지금 가난한 사람의 고통은 곧 부자를 포함한 우리 모두의 고통이 될 것이다. 여기서 존 던John Donne의 시 〈누구를 위하여 종은 울리나?〉를 떠올린다.

> 누구든 그 자체로서 온전한 섬은 아니다.
> 모든 인간은 대륙의 한 조각이며, 대양의 일부다.
> 만일 흙덩이가 바닷물에 씻겨 가면 우리 땅은 그만큼 작아지며,
> …
> 그러므로 누구를 위하여 조종弔鐘이 울리는지를 알려 하지 말라.
> 종은 그대를 위하여 울리는 것이다.

기후변화 대응이 곧 국가 안보다

오늘날 국가 안보는 국경에서 가해지는 군사적 위협에만 한정되지 않는다. 안보의 핵심적 가치와 위협 영역이 다양한 분야로 확대되고 있다. 새로운 안보는 기후변화, 환경오염, 자원 부족, 인구 증가 등으로 인한 지구 위기를 위협 요인으로 추가한다. 이러한 위협 요인은 기존의 긴장 관계와 분쟁 상황을 더욱더 악화시키기 때문이다. 특히 식량과 물의 위기 상황에서 기후변화는 심각한 경쟁과 갈등을 일으킬 수 있다.

2018년 다보스 포럼에서 전문가 745명을 대상으로 한 설문조사를 실시했다. 여기서 지구적인 위험을 일으키는 요인으로 기후변화 대응 실패, 자연재해, 난민 위기, 대량살상 무기 등이 상위권으로 발표됐다. 이 가운데 인류가 직면할 가장 영향력이 큰 위험은 대량살상 무기 다음으로 극한(재해성) 날씨였다. 발생 가능성이 큰 위험은 극한 날씨가 가장 높고 대량살상 무기는 낮은 편이었다. 기후변화는 극한 기상 조건, 특히 폭염의 발생 가능성과 강도를 증가시키며 이는 가뭄이 발생하는 원인이 된다. 이와 연관된 물과 식량 위기, 난민 발생을 비롯한 여러 기후 위험이 상위 10위 안에 포함되었다.

미국 CIA 출신들이 중심이 된 국제전략연구소CSIS는 2007년에 「결과의 시대The Age of Consequences」라는 보고서에서, 앞으로 기후변화 때문에 이주와 이민이 대거 증가하면서 인종과 종교, 식량 갈등이 새롭게 조성될 것이라 예상했다. 그 예로 21세기 들어 최악의 인종 청소가 자행됐던 '다르푸르 사태'를 최초의 '기후 전쟁'으로 꼽았다.

지난 2003년 일어난 지구촌 최대 비극인 수단의 다르푸르 분쟁은 기후변화로 촉발되었다. 다르푸르 지역은 예전에는 살기 좋은 곳이었다. 비는 충분히 내리지 않았지만, 토양이 비옥해 곡식과 과일을 집약적으로 재배할 수 있었다. 그러나 지구온난화로 인도양의 수온이 상승하면서 계절풍에 영향을 미쳤다. 그 결과 지난 20년간 이 지역 강수량은 40퍼센트 이상 감소했다. 가축에게 풀을 먹이는 초지가 사라졌으며 농사를 지을 땅은 사막으로 변했다.

유목민인 아랍계가 소와 염소를 먹이기 위해 아프리카계인 농부들이 경작하는 농지를 침범했다. 피부색도 다르고 종교도 다른 두 집단은 이내 전쟁을 벌였다. 악명 높은 인종 청소가 일어난 이 분쟁은 피상적으로 보면 아랍계와 아프리카계 간의 종족 갈등이지만, 그 이면에는 기후변화로 인한 생존 갈등이 숨어 있다. 부족한 자연환경에서 거주 불가능한 지역들을 떠날 수밖에 없는 사람과, 이들이 자신의 거주지를 침범하는 것을 막으려는 사람들 사이에서 일어난 갈등이었다.

2015년 5월 버락 오바마Barack Obama 대통령은 해안경비사관학교 졸업식 연설에서 기후변화는 국가 안보에 심각한 위협이므로 이에 대응할 것을 강조했다. 이때 기후변화가 일으킨 안보 위협의 사례로 지금도 진행 중인 시리아 내전을 언급했다. 이는 겉으로만 보면 이슬람국가IS의 종교적 광기처럼 보이지만, 사실 기후변화와 관련되어 있다. 시리아는 1950년대 400만 명 수준이던 인구가 현재 약 2,200만 명으로 증가된 상태에서 2007년부터 2010년까지 극심한 가뭄이 지속되었다. 살기 어렵게 된 농촌에서 수백만 명의 농민들이 도시로 밀려들어 사회적 긴장이 커졌다. 여기에 시리아 정부의 폭압과 '아랍의 봄' 시위 등 여러 정치적·사회적 요인이 결합해 2011년 봄, 대규모 반정부 봉기로 이어졌다.

아랍의 봄 도화선은 2010년 여름 러시아를 강타했던 가뭄이다. 러시아 정부는 밀 생산량이 줄어들 것을 예상하고 수출을 중단했다. 이에 따라 세계적으로 식량 가격이 폭등했다. 가난한 사람들은 대부분의 수입을 식품을 구입하는 데 쓰기 때문에 식품 가격이 조금만 올라도 생존에 위협을 받는다. 결국 민주적 체계가 불안정한 북아프리카와 중동 국가에서는 폭동과 시위에 의해 기존 정권이 흔들리고 무너지는 사태가 연속적으로 일어났다. 러시아 가뭄이 공간

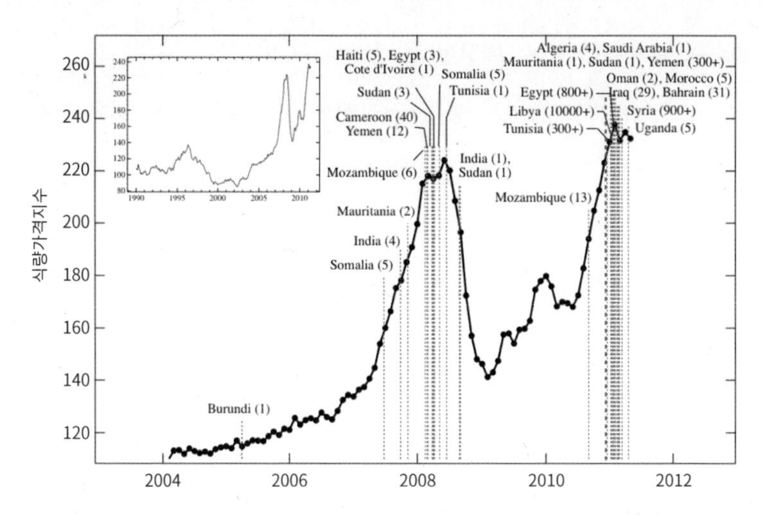

FAO 식량 가격 지수의 변화. 붉은 선은 사회적 동요와 연관된 폭동이 일어난 시점. 국가별 괄호 안의 숫자는 폭동으로 인한 사망자 수. 농산물 투기가 2005년 이후 급증해, 농산물 계약의 98퍼센트가 실제 농산물이 아닌 수익성 선물 거래였다. 출처: New England Complex System Institute

적으로 멀리 떨어진 아랍의 봄을 일으킨 방아쇠가 되었고, 이를 통해 시간적으로 멀리 떨어진 오늘날 시리아 내전과 수백만 명의 난민이 발생했다. 이는 기후변화가 기존 갈등 요인을 어떻게 증폭시키는지를 보여주는 사례다.

유엔 식량농업기구Food and Agriculture Organization, FAO는 식량 안보란, 모든 사람이 활동적이고 건강한 생활을 위해 자신에게 필요한 영양분을 제공받고, 자신의 음식 취향에 맞는, 안전하고 영양가 있는 충분한 음식을 물리적·사회적·경제적으로 언제든지 구할 수 있는 상태라고 정의한다. 앞으로 기후변화로 인해 식량 안보 여건은 더욱 취약해질 것으로 예상된다.

「FAO 2050년 인류 생존」 보고서에 따르면 75억 명을 돌파한 세계 인구가 2050년이 되면 91억 명까지 늘어나 34퍼센트 증가하고, 1인당 소비량도 늘어나 이를 먹여 살리려면 식량 생산이 70퍼센트 이상 증가해야 할 것으로 전망했다. 지구가 뜨거워지고 천재지변이 심해지며 물 부족 현상이 확산되고 있는 시기에 곡물 수요가 급격히 증가하게 될 것이다.

기후변화는 그 자체로 분쟁을 일으키지는 않지만, 경제 상황을 악화시키고 폭력적인 갈등 위험을 증가시킨다. 식량 폭동과 대규모 환경난민으로 인해 사회적 혼란이 계속될 경우 사람들은 사회 안정을 유지할 수 있는 강력한 공권력을 가진 권위적이며 전체주의적인 정부를 요청하게 될 가능성이 크다. 즉, 기후변화는 민주주의 체제 자체를 위협할 수도 있다.

한편 기후변화는 에너지 문제와 관련되어 있다. 석탄, 석유, 천연가스 등 3대 주요 에너지원은 모두 화석연료이며 대량으로 온실가스를 발생시킨다. 기후변화 대응을 위한 국제적인 온실가스 저감 압박하에서도 산업화와 도시화로 화석연료 에너지 사용량을 감소시키기는 어려움이 있다. 특히 우리나라가 그렇다.

세계자원연구소World Resources Institute에서 2005년에 「온실가스 자료와 국제 기후 정책」이라는 보고서를 발간했다. 여기서 1998년 금융 위기 당시 우리나라 이산화탄소 배출과 국민총생산GDP에 관해 특별히 다루었다. 이산화탄소 배출량은 GDP 변동에 크게 영향을 받는데, 이 상관관계가 우리나라에서 가장 뚜렷하게 드러났기 때문이다. GDP가 증가함에 따라 이산화탄소 배출량이 거의 같은 비율로 증가했지만, 1998년 GDP가 크게 줄어들 때는 이산화탄소 배출량도 크게 줄어들었다.

이산화탄소 배출량이 줄어들었다는 것은 산업이 위축되었음을 의미한다. IMF가 구제 금융을 제공하는 대신 극심한 구조 조정을 요구했기 때문이었다. 이로 인해 많은 사람이 엄청난 어려움에 처했다. 이들을 고통스럽게 한 것은 단지 경제적인 어려움만이 아니었다. 신자유주의가 외치는 무한 경쟁 사회에서 '옳으냐, 그르냐'가 아니라 '이익이 되느냐, 아니냐'를 따지는 가치관이 지배했다. 우리

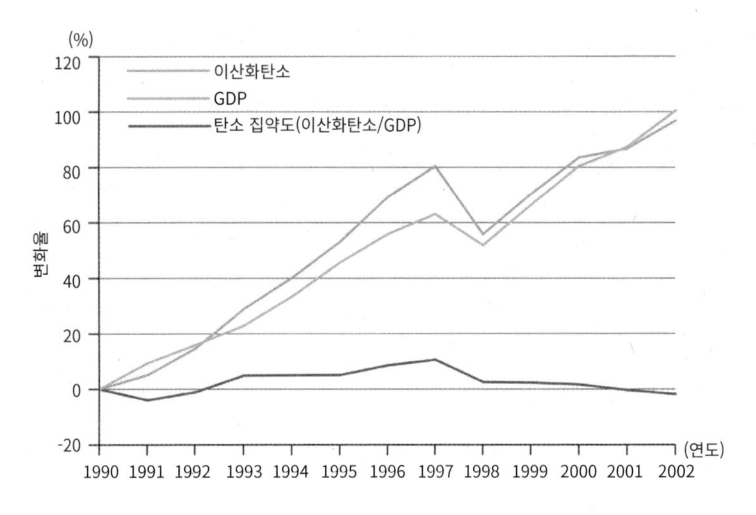

우리나라 국민총생산(GDP)과 이산화탄소 배출량의 변화율. 출처: 세계자원연구소(WRI)

의 시대정신은 자유, 정의, 평등, 연대 등이 아니라 IMF 탈출, 생존, 소비, 성장 등이어야 했다. 우리의 가치도 무너진 것이다.

우리나라 산업은 여전히 에너지에 크게 의존하고 있다. 2015년 기준 세계 9위의 에너지 소비국이다. 하지만 세계에너지협의회 World Energy Council가 2017년에 발표한 각국의 에너지 안보 순위에 따르면, 한국은 125개국 중 64위로 에너지 안보 상황이 취약하다. 지금 주요 국가들은 화석연료가 고갈됐을 때를 대비해 에너지원 확보 쟁탈전을 벌이고 있다. 영국 상원의원인 앤서니 기든스Anthony Giddens는 『기후변화의 정치학』에서 에너지 자원을 둘러싼 국가 간 분쟁은 역사에서 이미 여러 번 확인할 수 있는데, 기후변화로 인한 식량 부족과 난민 발생으로 에너지 안보전쟁이 증폭될 수 있다고 전망했다.

기후변화는 오랜 기간 명백하게 드러나지 않지만, 원인이 축적되어 임곗값을 넘으면 갑작스럽게 새로운 환경으로 진입한다. 급변하는 환경의 잠재적 위험을 대비하지 못하면, 사회적인 갈등이 더욱 증폭되고 결과적으로 국가 운명에까지 영향을 미칠 수 있다. 역사적으로 인류는 환경을 감당할 능력이 없을 때 싸움을 하며, 굶주림과 침략의 갈림길에 서 있을 때마다 침략을 선택해왔다. 이를 피하고자 세계적인 기구들과 미국 정보기관을 비롯한 주요 선진국에서는 물, 식량, 에너지 수급의 차질이 국가 위기를 일으킬 수 있다는 점을 인지하고 이에 대한 대응책을 마련하고 있다.

미국은 안보적 관점에서 기후변화에 대응하기 위해 2009년

CIA 안에 기후변화센터를 설립해 사막화와 해수면 고도 상승, 기후 난민 발생 등의 영향을 분석하고 있다. 미국 국방성은 2003년 발간한 보고서 「돌발적인 기후변화가 미국 안보에 미치는 영향」에서 "유럽은 아프리카와 중동으로부터 밀려들어 오는 기후난민 때문에, 아시아는 심각한 식량과 물 부족 위기 때문에 내부적으로 큰 혼란에 빠져 곳곳에서 분열과 갈등이 만연할 것이다"라고 분석했다. 기후 재앙으로 식량난, 식수난, 에너지난 등이 겹친 혼란이 지구 곳곳에서 일어날 것으로 예측하고 이에 따른 강력한 '안보 태세'를 강조했다. 이 보고서의 예측은 현실로 점차 나타나고 있다.

기후변화로 발생하는 폭력과 분쟁은 지금 우리가 익숙하게 알고 있는 것과는 다른 형태로 국가 안보를 위협할 것이다. 과거에는 이념, 종교 또는 국가적 자존심을 둘러싼 충돌이 대부분이었지만, 앞으로는 에너지, 식량, 물과 같은 자연자원의 절실한 필요가 지역과 국제적 갈등을 유발할 것이다. 언제 어느 곳에서 어떻게 이런 사태가 일어날지 지금은 알 수 없지만, 한 가지 확실한 것은 있다. 앞으로 위기는 지구적이고, 복합적이고, 지금은 상상하기 힘든 방식으로 닥쳐올 것이라는 점이다. 시리아 사태는 대혼란이 어떤 모습일지 중요한 실마리를 제공해준다. 유럽의 정교한 시스템도 시리아 난민을 처리하는 데 절절매고 있지 않은가?

기후변화는 지금까지의 기후와 환경에 적합하도록 만들어진 대부분의 체계를 무의미하게 만들 것이다. 이처럼 기후 문제는 독립적인 쟁점이 아니다. 이것은 인류가 직면한 안보의 맥락에서도 인식되어야만 한다. 특히 우리나라는 자원과 식량이 부족하며, 과다 인구에 따르는 취약성을 가지고 있다. 사회적·경제적 안전을 위해, 식량·물과 에너지 안보를 위해, 그리고 우리가 생존하기 위해서도 기후변화에 미리 대응해야 한다.

기후변화는 결핍이 아니라 과잉에서 발생한다

성경에 나오는 이야기다. 뜨겁게 타오르는 '소돔과 고모라'의 예언을 미리 들은 어느 한 가족이 그곳에서 탈출을 시도했다. 아쉬움이 남아 뒤를 돌아보면 안 되는 탈출이었다. 그러나 한 사람이 뒤를 돌아봤다가 소금기둥이 되어 결국 죽음을 맞이했다. 마찬가지로 지구가 뜨겁게 되리라는 예언이 현실에서 나타나기 시작했다. 이 위험에서 우리는 탈출해야만 한다.

의도하지는 않았지만, 산업 문명이 확대되면서 기후변화라는 지구적인 위기가 일어나고 있다. 현대사회에서는 인간이 자연을 지배하려고 하지만, 오히려 자연이 인간을 통제하고 있다. 즉, 인류는 기후에 큰 영향을 줄 수 있지만, 기후를 통제할 수는 없다. 기후가 위험을 통해 우리에게 영향을 미치는 세상으로 진입하고 있다.

과거의 위험은 홍수, 가뭄, 지진, 화산, 전염병처럼 자연에서 발생하는 외부적인 것이었다. 이는 방재 기술이나 보건 위생 등의 결핍 때문에 생겼다. 선진사회에서는 그러한 결핍을 채움으로써 위험을 해결해왔다. 반면에 기후변화, 환경오염, 오존층 파괴, 생태계 파괴, 오염먼지와 같은 현대의 위험은 과거의 결핍을 메웠던 산업 기술의 진보가 가져올 수밖에 없는 위험이다. 이는 주로 결핍이 아닌, 더 잘살고자 하는 과잉 욕구 때문에 발생한다.

독일의 사회학자 울리히 벡Ulrich Beck은 위험이 현대사회의 특징이라고 주장했다. 위험은 무지가 아니라 우리를 안전하게 보호해 주리라 믿었던 지식에서, 자연에 대한 불충분한 지배가 아니라 완전한 지배에서, 인간이 알 수 없는 것이 아니라 산업 시대에 확립된 규범과 객관적 체계에서 일어났다. 결국 현대의 위험은 우리가 모르는 자연에서 일어나는 것이 아니라, 자연을 지배하려는 인류 문명에서 비롯한다.

우리 삶을 안락하고 편안하게 만들었던 과학기술의 발달은 '위험사회'의 조건을 강화했다. 즉, 현대 과학기술은 문제를 풀어가는 도구인 동시에 문제의 근원이라는 이중성을 가진다. 이는 문명의 기반인 과학기술이 완전한 지식이 아니라, 인류가 지금까지 밝혀낸 불완전한 지식이기 때문이다. 인간의 합리성은 한계가 있으므로 과학기술의 힘이 거대해질수록 그 부작용을 해결하는 것이 더욱더 어려워진다.

또한 위험은 권력과 자원이 분배되는 위계와 질서에 따라 분배된다. 세계 인구의 3분의 1을 차지하는 저소득 국가가 배출하는 온실가스는 7퍼센트에 불과하다. 반면 G20 국가들은 세계 온실가스의 약 80퍼센트를 배출한다. 기후변화의 원인 제공자는 부유한 나라의 부유한 사람들이지만, 기후변화로 인한 자연재난의 위험은 엉뚱하게도 가난한 자들을 덮친다.

태풍, 폭풍, 홍수, 가뭄 등의 영향을 어느 정도 막을 수 있는 나라나 집단이 있는 반면, 사회적 취약층은 자연재난으로 인한 사회질서의 붕괴를 고스란히 겪는다. 온실가스 배출로 인한 이익은 부국과 상류층에 축적되는 반면, 위험은 빈국과 하류층에 축적된다. 기후변화는 부자와 빈자, 중심과 변두리라는 엄연히 존재하는 불평등을 더욱 심화시킨다.

기후변화와 불평등은 동전의 양면과 같다. 기후변화를 고려하지 않고 불평등을 파악하는 것은 가능하지 않다. 마찬가지로 사회적 불평등을 고려하지 않고 기후변화를 파악하는 것도 가능하지 않다. 칼 마르크스Karl Marx가 규명한 자본주의 사회의 '생산 관계'가, 위험사회에서는 '정의正義 관계'가 된다. 기후변화의 생산자인가, 수익자인가, 피해자인가, 위험은 누가 규명하며 누가 책임지는가 같은 질문에 관한 제도와 능력이 위험사회에서 정의 관계로 드러난다.

다른 한편, 기후변화 위험의 상대성을 논하기에는 이미 그 심각성이 너무 커졌다. 위험이 커질수록, 부유하고 힘 있는 자도 위험에서 벗어날 가능성이 적어진다. 위험을 피하는 부의 능력에는 한계가 있기 때문이다. 기후변화는 특정 지역이나 집단에 한정되지 않으며, 국경과 계급을 넘어서 지구화 경향을 보인다. 이제 위험은 시간과 공간의 구속에서 벗어나 우리를 위협한다.

벡은 "빈곤은 위계적이지만, 스모그는 민주적이다"라는 유명한 말을 남겼다. 근대사회는 불평등을 극복하기 위해 투쟁한 시대였지만, 현대는 위험 앞에 누구나 평등하게 노출된 사회라는 것이다. 그러므로 산업사회의 핵심이었던 '재화의 분배'를, 현대사회에서는 '위험의 분배'라는 새로운 개념으로 바꾸어야 한다고 주장했다.

현대사회에서 위험은 우연히 발생하는 '재수 없는 것'이 아니라 '발생할 수밖에 없는 것'이다. 누구도 이를 예상치 못했고, 원치 않았고, 또 택하지도 않았다. 결국 아무도 위험에 책임지지 않아도 된다. "경제성장을 하려면 온실가스와 오염가스를 배출할 수밖에 없지 않느냐"라는 무책임성이 기후변화와 지구환경의 위험을 '외재화' 한다.

이렇게 외재화된 위험은 책임 주체가 모호하므로 정책 결정자, 자본가, 노동자, 누구도 인류 생존을 위협하는 위험에 제대로 된 결정을 내리지 못한다. 심지어 미국 트럼프 대통령은 검증된 압도적 증거가 있음에도 기후변화를 부정한다. 이 무책임성이 기후변화라는 '사실'이 아니라 기후변화를 부정하는 '믿음'에 근거한 정책을 펼칠 수 있게 한다. 마크 트웨인Mark Twain은 일찍이 "우리는 그 일이 일어날 것이라는 '사실'을 모르기 때문이 아니라, 그런 일이 일어나지 않을 것이라는 '믿음' 때문에 위험에 처하게 된다"라고 했다. 바로 이 무책임한 믿음이 필연적으로 지구의 자멸을 향하게 할 것이다.

현재의 무책임성이 미래에도 연결되어 위험을 발생시킨다. 기후변화는 우리 세대가 이익을 누렸기 때문에 우리 세대에만 피해를 주는 게 아니라, 미래 세대에는 지속해서 누적된 더 큰 위험을 일으킨다. 그러나 지금 의사 결정을 하는 사람들이 위험으로 영향을 받는 사람들에 대한 책임을 지지 않고, 영향을 받는 사람들은 의사 결정 과정에 참여할 수 없다. 결국 무책임성은 아무런 이익도 없이 위험만을 끌어안고 살아야 할 미래 세대를 도외시한 채 눈앞의 현실에만 몰두하게 한다.

위험사회에서는 해결이 문제를 낳고 문제가 다시 해결을 낳는 순환 고리가 형성돼 불확실성이 더욱 커진다. 불확실성으로 예측과 예방이 어려운 위험은 위험으로 인지하기도 어렵다. 또한 기후변화로 인한 피해는 점진적으로 축적되므로 단기적으로는 그 위험성이 잘 감지되지 않는다. 그렇기 때문에 현대 위험은 '눈앞의 위험'이라기보다는 '직접 감지되지 않는 위험'이다. 직접 감지되지 않는다는 것이 현대사회에서 불안을 일으킨다.

벡은 근대사회의 변화 동력이 "나는 배고프다!"에서 시작했다면, 현대사회에서는 "나는 두렵다!"라는 불안에 기반한다고 주장했다. 불안은 이념의 차이나 경제적 이익을 넘어 또 다른 차원에서 핵심적이고 강력한 사회 변화의 동력이 될 수 있기 때문이다. 기존 계급과 국가 경계를 허물어버리는 기후변화의 위험은 지구적 공론과 연대의 장을 열게 한다. 18세기 말, 이마누엘 칸트Immanuel Kant는 자유롭고 이성적인 시민으로부터 세계주의가 확대되는 역사 과정을 예견했지만, 정작 세계 시민으로서 함께 협력하도록 이끄는 동력은 세계 시민 의식이 아니라 기후변화와 지구환경의 위험이다.

하지만 온실가스를 줄이기로 한 1997년 교토의정서 이후, 실제 세계 온실가스 배출량은 배출량을 전혀 줄이지 않는 시나리오를 따라 증가하고 있다. 기후변화의 위험이 분명하고 절박해도 왜 대응은 이처럼 지체되는가? 현대 위험은 인류 문명의 실패에서 오는 것이 아니라, 성공에서 오는 것이기 때문에 위험에 대응하기가 더욱더 어렵다. 우리는 성공에 취해 현 상황을 유지하는 것이 얼마나 위험한 것인지를 인정하려 들지 않는다. 위험에서 빠져나올 수 없는 이유가 여기에 있다.

기후변화는 대기 화학 조성의 변화로 일어난 과학 문제이지만 이 변화는 산업혁명에서 시작한 사회경제 체계의 문제이기도 하다. 전자가 기후변화는 어떤가에 관한 '사실'의 문제라면, 후자는 우리 사회가 어떠해야 한다는 '가치'의 문제다. 위험은 과학기술로 만들어낸 복잡한 사회 시스템 자체에 내재해 있다. 그러므로 기후변화는 단순한 환경오염 문제처럼 그에 관한 정책을 시행함으로써 벗어날 수 있는 위험이 아니다. 핵전쟁이 갱단이 저지르는 폭력과 차원이 다른 것처럼, 기후변화는 지역적인 환경오염과는 차원이 다르다.

인류가 지금 생산하고 있는 것만으로도 인류 전체가 풍족하게 나눌 수 있다. 그런데 왜 생산을 더 증가시키기 위해 에너지를 더 사용하고 기후변화를 더 일으켜야 하는가? 이제 우리 사회가 지향해 온 가치를 다시 점검해야만 한다. 발전만을 추구하는 과소비 체계를 바꾸는 선택을 지금 하지 않으면, 앞으로는 선택할 여지도 없이 시련을 겪어야 한다. 지금까지처럼 더 크게 더 빨리 발전하는 것만 생각할 게 아니라, 발전이 가져올 수 있는 위험을 함께 성찰해야 한다. 기후변화는 그 심각성에 대한 이해와 성찰을 통해 현재의 생활 방식과 산업 구조를 바꿔내는 사회 변혁으로 해결해야 한다.

인류라는 애벌레는 고치를 뚫고 나와야 하는 단계에 이르렀건만, 고치가 사라진다고 힘들어한다. 애벌레는 나비가 될 텐데 말이다. 지금 익숙한 우리 삶이 유일한 길도, 최선의 길도 아님을 인정하지 못하는 우리의 한계와 상상의 빈곤에서 벗어나야 한다. 즉, 기후변화의 위험은 인류가 세상에 존재하는 방식, 세상에 관한 사고방식과 정치 행위에 도전해야 하는 문제다.

폭염이 우리 수준을 드러낼 것이다

현재 지구온난화 추세가 자연적인 변동을 넘어서 가속되고 있다. 이 때문에 폭염이 빈번하게 발생하고 그 규모와 피해가 매년 커진다. 이제 폭염이 일상이 되었기에 우리는 여기에 익숙해져야 한다. 여름철이면 항상 발생하는 폭염은 자연현상이지만, 폭염 피해는 사회 여건에 따라 다르게 나타나므로 이때 사회적 취약성이 드러난다.

폭염은 생명까지 위협하는 재앙이다. 얼마나 길게 폭염이 지속되느냐가 사망자 수에 결정적인 영향을 미친다. 이미 열에 지친 몸이 지속되는 폭염에서 회복할 수 없기 때문이다. 또한 폭염 피해는 점진적으로 증가하지 않는다. 처음엔 껍데기가 약한 옥수수 알 몇 개가 터지다가 어느 순간 모든 팝콘이 한꺼번에 터지는 것처럼, 폭염 피해도 어느 순간 급격히 커진다.

국립재난안전연구원에서 1991~2012년 폭염에 의한 사망자 발생 특성을 분석한 결과에 따르면, 22년간 총 501명이 온열 질환에 의해 사망했으며, 1994년에 92명으로 가장 많은 사망자가 나왔

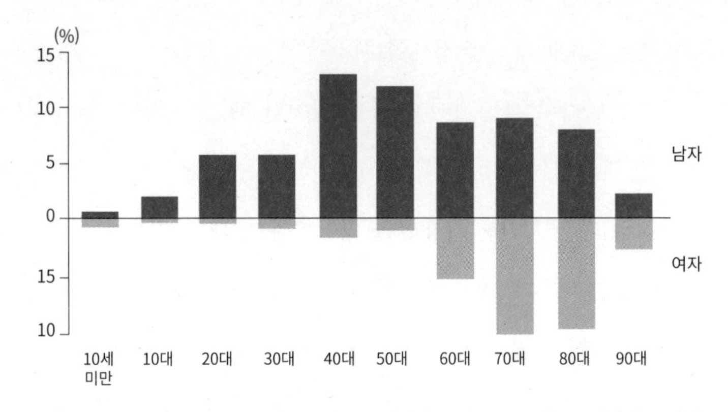

22년간(1991~2012년) 총 501명 폭염 사망자의 연령대별 성비 분포. 사망자가 남성이 67퍼센트로 여성보다 약 2배 많았다. 60대 이상에서는 남성과 여성의 사망자 비가 50:50인 데 반해 60대 미만에서는 89:11이었다. 출처: 국립재난안전연구원

다. 폭염 사망자 중 60세 이상 고령자가 전체 56퍼센트를 차지했다. 이보다 높은 연령에서는 여성과 남성 사망자의 비율이 같았는데, 60세 미만의 연령에서는 남성 사망자의 비율이 압도적으로 높았다. 이는 남성이 바깥에서 일하는 비율이 높기 때문이다.

자연재난 대응 체계가 잘되어 있다는 선진국에서도 폭염 위험에 대한 사전 대비가 충분하지 못해 큰 피해를 보는 경우가 있다. 2003년 8월 유럽은 기온 40도는 보통이었고 최고 기온이 50도까지 올라간 곳도 있었다. 이때 유럽 8개국에서 7만여 명이 사망했다. 가장 피해가 심했던 프랑스의 사망자 수는 평소보다 60퍼센트가 증가했는데, 사망자의 3분의 1은 폭염으로 인한 고열이 원인이었다. 희생자의 대부분은 가난하고 힘없는 독거노인이었는데 당시 자크 시라크Jacques Chirac 프랑스 대통령은 "지금 우리가 과연 문명사회에 살

고 있는가?"라고 탄식할 정도였다.

우리나라와 유럽에서 폭염이 일어날 때, 그 기온은 열대지방에서 늘 관측되는 수준이다. 즉, 폭염 피해는 기상학적인 요인뿐만이 아니라 다른 요인도 작용함을 의미한다. 열대지역이 아닌 지역에 사는 사람은 더위에 대응하는 생리적 순응도가 낮고, 더위를 피하는 행동이 민첩하지 않기 때문이다. 또한 같은 폭염이라도 피해는 더위에 제대로 대처할 수 없는 사회경제적 조건을 가진 사람에게 집중된다. 가난한 노인, 농부, 실외 노동자와 환자가 폭염을 피하거나 견디기 어려운 상황에 놓여 있다.

서울대학교 김호 교수팀은 2009~2012년 서울의 전체 사망자 3만 3,544명을 대상으로 폭염이 사망에 미친 영향을 분석했다. 폭염에 따른 사망 위험은 가난한 사람이 그렇지 않은 사람보다 18퍼센트 높은 것으로 추산됐다. 또 상대적으로 녹지 공간이 적은 곳에 사는 사람도 사망 위험이 18퍼센트 상승했다. 주변에 병원 수가 적은 지역에 사는 사람의 경우에도 폭염 사망 위험이 19퍼센트 높았다. 같은 기온의 무더위라도 사회경제적 수준, 주거 유형, 연령층에 따라 민감도가 다르다는 것을 밝혔다.

한국개발연구원이 발표한 자료를 보면, 2010년 1인 가구 빈곤 인구의 72퍼센트는 60대 이상이고, 2인 가구 빈곤 인구의 68퍼센트도 60대 이상의 고령자다. 즉, 우리나라 노인은 비참하게도 대부분 가난한 독거 노인이거나 부부 노인이다. 이 노인 인구가 급속히 증가하고 있다. 여기에 폭염 일수가 늘어나면 폭염 피해도 급격히 증가할 것이다.

우리나라에서 폭염 일수는 전국 평균 7일이다. 국립기상과학원 연구에 따르면, 21세기 말 우리나라 폭염 일수는 온실가스를 어느 정도 줄이는 기후변화 시나리오(RCP 4.5)에서 13일, 그리고 전혀 저감을 하지 않는 경우(RCP 8.5) 30일로 지금보다 두 배에서 네 배 증가할 것으로 보인다. 국립재난안전연구원은 2040년대에 열사병 사망자 수가 지금보다 다섯 배에서 일곱 배 많아질 것으로 예상했다.

인간이 일으킨 폭염 피해는 결국 인간의 손길만이 해결할 수 있다. 서울보다 높은 위도에 위치한 시카고에서 1995년 5일간 이어진 폭염으로 700명이 넘는 사망자가 발생했다. 4년 후인 1999년에 비슷한 수준의 폭염이 다시 발생했을 때 사망자 수는 110명에 그쳤다. 이 사례를 두고 고려대학교 김승섭 교수는 그의 책 『아픔이 길이 되려면』에서 "폭염으로 인한 사망을 자연재해로, 우연히 발생한 사고로, 개인 책임으로 돌리지 않고 사회적인 원인을 찾고 그에 기반을 두어 대응 전략을 마련했던 행정기관과 그에 적극적으로 협조한 시민들이 거둔 성과"였다고 했다. 즉, 공적 시스템을 통해 '사회적 돌봄'이 이루어진 덕분이었다.

극한 날씨의 영향이 사회경제적 여건에 따라 다르게 나타나므로 우리 사회의 취약성이 드러난다. 이때 정부 대응 체계가 제대로 갖춰지지 않아 드러나지 않던 치부가 밝혀지기도 한다. 정부는 위험을 통제하기 위해 존재하며, 시민의 안전을 보장하는 것이 정부가 존재하는 이유이기 때문이다.

평균 기온 상승이 사람을 죽게 하지는 않지만, 지구온난화로 발생한 극한 날씨로 사람을 사망에 이르게 하기도 한다. 그러므로 기후변화가 극한 날씨에 어떤 영향을 미치는지 이해하는 것은 우리의 안녕과 생존을 위해 중요하다. 또한 폭염 대응은 우리가 사회적 약자의 고통에 대해 얼마나 민감하게 반응하는지 가늠하는 척도이기도 하다. 폭염이 우리 수준을 드러낼 것이다.

지구공학이 기후변화를 막아낼 수 있을까?

기후변화의 위협 속에서도 경제성장을 위해 배출되는 온실가스가 줄어들지 않고 있다. 기후변화로 인한 최악의 영향을 줄이기 위해, 최후의 수단으로 지구공학geoengineering 또는 기후공학climate engineering이라 부르는 기후 조절 기술이 주목받고 있다. 이는 경제와 기후 어느 쪽의 희생 없이도 조절 기술을 통해 지구를 지켜낼 수 있기 때문에 매혹적일 수 있다. 또한 기후 조절은 인간이 자연을 지배한다는 걸 증명하는 일이기도 하다.

지구 공학으로 기후변화를 막는 방법은 크게 두 가지로 나눌 수 있다. 태양 복사에너지 조절Solar Radiation Management, SRM은 태양빛을 차단하거나 반사하는 방법이다. 즉, 지구가 받는 태양에너지를 줄여 온난화 속도를 늦추는 것이다. 이산화탄소 제거Carbon dioxide removal, CDR는 지구 기온을 높이는 근본 원인인 이산화탄소를 없애는 것이다. 이와 관련하여 수많은 방법이 있으나 '성층권 에어로졸 주입'과 '이산화탄소 포집·저장Carbon Capture & Storage, CCS'이 가능한 방법으로 고려되고 있다.

성층권에 에어로졸을 주입해 태양 반사층을 만들겠다는 생각은 화산 폭발에서 얻었다. 지난 1991년 필리핀 피나투보 화산이 강력하게 폭발해 2,000만 톤에 이르는 황산염 에어로졸이 성층권에 유입되었다. 이 황산염 에어로졸은 지구 전체에 확산되어 작은 거울처럼 빛을 반사해 태양열이 지표면에 닿는 것을 차단했다. 이로 인해 1~3년 동안 지구 평균 기온이 0.2~0.5도나 낮아졌다.

이를 실마리로 과학자들은 대규모 화산 폭발과 흡사하게 성층권에 황산염 에어로졸이나 같은 효과를 내는 에어로졸을 주입하는 방법을 고려하게 되었다. 이를 피나투보 화산의 이름을 따 '피나투보 옵션Pinatubo option'이라고도 한다. 대기는 약 23퍼센트의 태양 복사에너지를 우주로 반사하는데, 성층권에 에어로졸을 주입해서 추가로 2퍼센트를 더 반사하면, 대기 이산화탄소 농도가 두 배 증가하는 효과를 상쇄할 수 있다.

이미 아이디어 차원을 넘어 기후모형 시뮬레이션을 통해 성층권 어느 지역에 어느 정도 뿌리면 가장 좋은 효과를 거둘 수 있을지에 관한 연구가 진행되고 있다. 모형 결과에 따르면 성층권에 에어로졸을 투입했을 때 기온이 떨어지지만, 냉각의 공간적 패턴은 온실가스로 인한 가열의 패턴과 같지 않다. 에어로졸은 지표면에 내리쬐는 햇빛의 양을 줄이지만, 온실가스는 지표면에서 내뿜는 열에너지가 우주로 빠져나가지 못하도록 막기 때문이다. 이렇게 물리적 작용

방식이 서로 다르다 보니 그 결과도 지역에 따라 다르게 나타난다. 결국 피나투보 옵션은 강우 패턴과 날씨 순환을 변화시켜 부작용을 일으킨다. 실제로 피나투보 화산이 분출한 이듬해에는 남아시아와 남아프리카의 강우량이 10~20퍼센트 줄었다.

또한 피나투보 옵션은 기온을 낮춰 빙하가 녹는 것을 막는 데 도움이 될지는 모르지만, 대기 중 탄소량을 억제하는 효과가 전혀 없다. 이 때문에 바다가 탄소를 흡수하여 발생하는 해양 산성화를 막을 수 없다. 해양 산성화는 산호초와 굴 등 단단한 껍질을 가진 해양 생물에게 심각한 타격을 입혀, 결과적으로 해양 먹이 사슬 전체에 막대한 영향을 미친다. 온실가스 증가는 기후 문제뿐 아니라 모든 생명체가 연관된 탄소 순환의 문제이기도 하다.

성층권에 에어로졸을 주입하는 방안을 일단 시작하면, 중단하는 것이 거의 불가능하다. 만에 하나 중단했다가는 일종의 가림막을 처서 인위적으로 억제해놓았던 기온 상승 효과가 한꺼번에 걷잡을 수 없이 터져 나올 수 있다. 이러면 인간이 점진적으로 적응할 시간적 여유가 없게 된다. 이는 동화에서처럼 마법의 묘약을 마시면서 젊음을 유지하던 마녀가 묘약의 공급이 끊기는 순간 젊음을 잃고 쭈글쭈글한 모습으로 변하는 꼴이다.

결국 피나투보 옵션이 실행되면, 우리는 머리 위에 파란 하늘이 아니라 뿌연 하늘을 이고 살게 될 것이고, 발아래로는 산성화되어 죽어가는 바다를 굽어보게 될 것이다.

또 다른 지구공학으로 이미 배출돼 공기 중에 떠다니는 온실가스를 포집해 땅속이나 심해저에 저장하는 이산화탄소 포집·저장 기술이 있다. 공기 중에서 이산화탄소를 포집하는 기술은 기후변화의 원인을 제거하므로 피나투보 옵션보다 논쟁의 여지가 훨씬 적다. 공기 분자 100만 개 중에 섞여 있는 405개의 이산화탄소를 골라내는 것은 열역학 법칙에서 이루져야 한다. 이 작업은 질서를 만드는 일이기에 에너지를 투입해야 하기 때문이다. 그러므로 이산화탄소 포집·저장 기술의 가장 어려운 점은 장치 비용과 운영 비용을 상업적으로 실현 가능한 수준으로 낮추고, 포집된 이산화탄소를 저장할 수 있도록 비싸지 않고 믿을 만한 방법을 찾아야 한다.

화력발전과 석유화학 산업에서 세계 이산화탄소 배출량 가운데 약 절반이 발생하므로 이곳에서 포집·저장 기술이 주목받고 있다. 화석연료 연소 과정에서 생기는 이산화탄소의 90퍼센트 이상을 포집한 뒤 압축해 대염수층, 비어 있는 유전이나 가스전에 주입해 저장하는 것이다. 하지만 아직 이산화탄소 포집·저장 기술은 석탄 발전소에서도 실제로 사용되지 않고, 몇 가지 실증 프로젝트와 공적 자금이 투입된 연구에서만 이루어지고 있다. 민간 부분은 이 기술에 본격적으로 투자하기를 꺼리고 있다. 어마어마한 비용이 들어갈 뿐만 아니라 아직 실용성이 증명되지 않아서, 투자 위험을 민간 부분에서는 받아들일 수 없는 수준이기 때문이다.

국제 에너지 기구IEA는 이산화탄소를 포집하는 화력발전소에 들어가는 추가적인 시설 투자 비용과 전력 생산 비용이, 포집하지 않는 발전소의 두 배에 이를 것으로 추정한다. 여기에 이산화탄소 포집은 발전 효율을 약 10퍼센트 떨어뜨린다. 이를 고려하면 재생에너지로 생산한 전력도 경쟁력을 가질 수 있다.

2018년 10월 인천 송도에서 열린 기후변화에 관한 정부 간 협의체 총회의 「지구온난화 1.5도 보고서」에서도 지구공학을 다루었다. 지구공학 중에서도 탄소 포집·저장을 통한 바이오 에너지 Bioenergy with Carbon Capture-Storage, BECCS를 핵심 기술로 제시했다. 작물을 재배해 공기 중 이산화탄소를 흡수하고, 그 작물을 바이오 연료로 만들어 에너지를 사용하고, 그때 나오는 이산화탄소는 땅속에 묻는 것이다. 결국 공기 중 이산화탄소를 포집해서 땅속에 저장하는 결과가 된다.

에너지 수요를 줄이지 않고 지구온난화 1.5도 이내의 목표를 달성하려면, 탄소 포집·저장을 통한 바이오에너지를 위해 필요한 토지는 거의 호주 대륙만 한 크기에 달한다. 즉, 목표 1.5도를 달성한다 해도 경작지를 확대하기 위해 원시림을 파괴하거나 식량 경작지를 바이오 에너지 경작지로 바꾸어 식량 위기를 일으켜야 한다. 결국 기술이 문제를 해결하는 데는 한계가 있고, 근본적으로 에너지 수요를 줄여야만 한다.

이 밖에 대부분의 지구공학은 개별적인 증세에만 초점을 맞춘 단편적인 접근 방식이며, 본질적으로 자연을 기계로 바라보는 근대적인 대응 방법이다. 문제가 발생했을 경우, 기계처럼 문제가 된 부분만 수리하면 정상적인 작용을 다시 할 수 있다고 생각하는 것이다. 그러나 지구는 모든 것들이 서로 연결된 거대한 자기 조절 시스템이므로, 작은 차이 때문에 큰 영향이 나타날 수 있는 비선형 체계고, 한 번 임계상태를 넘으면 원래대로 되돌아갈 수 없는 비가역 체계다. 그러므로 지구온난화를 막기 위한 공학적 대응이 여러 가지 요인으로 의도하지 않은 결과를 낳을 수 있다. 즉, 지구시스템을 명확히 이해하지 못하고 있는 상황에서 지구공학을 통한 선부른 인간의 기후 조작이 더 큰 재앙을 몰고 올 수도 있다.

또한 지구 공학은 지구 전체를 대상으로 하고 있다. 지구온난화를 질병으로 봤을 때, 지구라는 행성은 유일무이한 환자다. 그리고 이 환자는 치명적인 결과에 이르면 안 된다. 지구공학은 위험할 수 있는 실험을 밀폐된 실험 조건에서 하는 것과는 상황이 다르며, 통제된 조건에서 무작위로 실험할 기회도 없다. 지구공학을 실험하여 의미 있는 결과를 얻으려면 수십억 인구를 실험용 쥐로, 그것도 여러 해 동안 삼아야 한다. 바로 이런 점에서 지구공학은 검증되지 않았고, 검증할 수 없으며, 상상한 것보다 훨씬 위험하다.

이러한 위험 때문에 국제적인 합의에 따라 지구공학 실험이 금지된 경우도 있다. 대부분의 바다는 철 성분이 부족해서 플랑크톤이 살 수 없다. 철 성분을 바다에 살포하면 광합성을 하는 식물성 플랑크톤이 대기 중 이산화탄소를 흡수하며 급속히 증식한다. 그 뒤

바다 밑으로 가라앉으면 이산화탄소를 줄이는 효과가 있다. 하지만 이 방법은 부영양화를 가져올 수 있으며 독성을 만들어내 해양 생태계에 부작용을 일으킬 가능성이 크다. 이런 이유로 2008년 유엔 생물다양성협약에서는 연안 해역에서 실시되는 소규모 실험을 제외한 모든 해양 비옥화 실험을 정지하기로 합의했고, 2016년에 다시 실험 정지 기간을 연장했다. 2013년 해양 오염 협약에서도 해양에서 지구공학 실험을 금지했다.

현재 지구공학의 실현이 위험하거나 비용이 많이 든다 해도 그와 관련된 과학기술 탐구는 진행되어야 한다. 어떤 방법이 효과가 있는지, 그리고 어떤 결과가 나타날지에 관한 과학기술 연구를 수행한다고 해서 그 방법을 실제 사용하는 것은 아니다. 우리 사회가 그런 기술을 사용할지 말지 결정하기 전에, 강수와 극한 날씨에 미치는 영향과 기술 실현 가능성에 관한 과학기술 질문들은 여전히 존재한다.

오늘날 많은 사람은 기술 진보에 기반한 성장이 사회문제뿐 아니라, 그 어떤 문제도 해결할 수 있을 것이라 믿는다. 지구공학은 산업과 에너지 시스템을 근본적으로 바꾸지 않고도, 기후변화를 해결할 수 있다고 약속한다는 점에서 호소력을 갖는다. 기술을 개발하는 것이 사람이 만든 체계를 바꾸는 것보다 쉽기 때문이다. 그리고 기후변화에 무관심한 데는 일종의 안이한 믿음도 깔려 있다. 갑자기 새로운 기술이 나타나서 우리를 구해줄 거라는 것이다. 이는 우리를 곤경으로 몰아넣은 원인을 그대로 방치한 채 눈앞의 현실에만 몰두하게 하는 무분별한 사고방식을 더욱 강화할 뿐이다. 우리의 미래를 불완전한 기술에 의지할 수는 없다.

지구가 기후변화의 위험에 직면해 있지만, 그 원인은 사뭇 간단하다. 이산화탄소를 과다 복용해서 건강을 잃은 탓이다. 지구공학은 여기에 약을 처방을 하는 셈이다. 가장 단순하고도 안전한 해법은 근본적인 원인을 찾아서 문제를 해결하는 것이다. 건강한 몸에는 그 어떤 약도 필요 없다. 지구공학을 만병통치약으로 찾을 게 아니라, 지구를 건강하게 회복시키면 된다.

6장

예측, 알 수 없는 미래마저 준비해야 하기에

과거 기후를 알아야 미래 기후에 대응할 수 있다

손가락을 벌린 한 뼘은 길이를 나타내고, 두 팔로 껴안은 한 아름은 둘레를 나타내고, 한 손에 움켜쥔 한 움큼은 분량을 나타낸다. 모두 몸을 기준으로 정해진 척도이며, 인류는 이 같은 몸의 척도로 세상을 인식해왔다.

그러나 오늘날 우리는 몸으로 알 수 있는 범위를 넘어, 추상적으로 수량화가 이루어진 세상에서 살아간다. 대부분의 기후변화도 우리 몸의 감각 범위를 벗어나 있다. 기후변화는 우리 몸이 먼저 느낀 게 아니라, 과학자가 이론을 정립하고 측정과 분석을 통해 수량으로 표시하고서야 명확하게 인식될 수 있었다.

과거에 일어났던 기후변화를 모른 채 기후를 이해하려는 것은, 한 나라의 역사를 모른 채 그 나라를 이해하려는 것과 다를 바 없다. 역사학자의 작업은 사료를 분석해 연도별 사건을 나열하는 데 그치지 않는다. 역사학자는 거기서 역사적인 의미를 찾는다. 기후학자도 과거 기후변화 사건을 나열하는 데서 그치는 것이 아니라, 변화의 원인과 과정을 알아낸다.

과거 기후는 기후 예측모형으로 재현·실험해 검증하기도 한다. 모형이 과거 기후를 정확히 재현해낼수록 우리가 이해한 기후 과정이 정확하다는 걸 의미한다. 이는 미래를 전망할 수 있게 하는 길잡이가 된다. 윈스턴 처칠Winston Churchill도 "과거를 멀리 돌아볼수록 보다 먼 미래를 내다볼 수 있다"라고 했다.

19세기 중반부터 세계 곳곳의 기상 관측소, 선박, 해양 부표에서 온도를 측정해왔다. 이 관측 자료에서 지난 160년간 온도 변화를 알아낼 수 있다. 그리고 지난 수천 년 동안 역사기록물에는 기후와 관련된 정보가 간직되어 있다. 오늘날 인간의 창의력은 우주에서도 기후를 측정하는 기기를 만들어냈다. 위성 체계가 갖춰진 1979년 이후에는 지상뿐만 아니라 대류권과 성층권의 지구 전체 기후변화도 감시하고 있다.

관측기기가 사용되기 이전의 기후는 어떻게 알 수 있을까? 현대 지구과학의 놀라운 점 중 하나는 정량적으로 과거 기후를 알아낼 수 있다는 것이다. '기후 대리지표climate proxies'라고 불리는 퇴적물, 빙하, 산호, 나무 등에는 과거 기후에 반응한 흔적이 남아 있다. 이런 대리지표로 기후변화를 밝히는 작업은 고고학자가 고문서에 적힌 생소한 문자를 해석하거나, 첩보원이 적국의 암호를 해독하는 과정과 비슷하다. 다르다면 그 문자나 암호를 만든 것이 인간이 아니라 자연이라는 점이다. 그래서 물리학, 화학, 생물학 등 기초과학을 바탕으로 해독 과정을 거쳐 숫자로 나타낸다.

대륙에서만 발견되는 바닷가 고요한 물에 쌓인 퇴적물 암석에서 과거 1억 7,000만 년 이전의 기후를 알 수 있다. 바닷속 퇴적물은 1억 7,000만 년 이상 된 해저가 없기 때문에 그 이후의 기후를 알아낼 수 있다. 퇴적물에 포함된 플랑크톤의 껍질에는 그들이 살던 당시 기후가 담겨 있다.

극지방에 눈이 내리면 그 무게에 눌려 먼저 내린 눈은 얼음으로 변한다. 수십만 년 동안 눈이 내리고 얼기를 반복하면서 빙하가 만들어진다. 이걸 시추하면 기둥 모양의 얼음 막대기를 얻을 수 있는데 이를 '빙하 기둥'이라 한다. 남극 대륙의 빙하 기둥에서는 80만 년 전까지 추정할 수 있고, 그린란드 빙하에서는 12만 5,000년 전까지의 기후를 알 수 있다. 산악 빙하는 최대 1만 년 전까지의 기후 정보를 담고 있다.

퇴적물이나 빙하 안에 있는 산소 동위원소로 과거 온도를 알 수 있다. 가장 풍부한 산소 동위원소는 질량 16의 가벼운 산소이며, 상대적으로 무거운 질량 18의 산소도 미량으로 존재한다. 빙하의 물 분자는 가벼운 산소로 구성되는 비율이 높으므로 빙하기에는 바닷물에 무거운 산소 비율이 높아진다. 그러므로 온도가 낮은 바닷물에서 무거운 산소가 가벼운 산소보다 탄산칼슘에 더 많다. 이 탄산칼슘으로 플랑크톤 껍질이 만들어진다. 그러므로 퇴적물 안 플랑크톤 껍질의 산소 동위원소 비율로 과거 바닷물 온도를 알 수 있다. 한편 빙하를 만드는 눈은 기온이 높아질수록 무거운 산소의 비율이 높아지는 특징을 이용해 과거 온도를 추정할 수 있다.

빙하 기둥 속 공기 방울은 그 당시의 대기 성분을 품고 있다. 남극과 그린란드 빙하에서 온실가스, 먼지, 화산재, 꽃가루의 변화를 알 수 있다. 바람은 바다 염분뿐 아니라 대륙의 건조한 지역에서 발생한 먼지까지 끌고 와 빙하 위에 떨어뜨린다. 이 먼지 양으로 바람의 크기를 추정할 수 있다. 황토도 강한 바람에 날려 육상에 퇴적되므로 지난 300만 년 동안의 중국 기후변화를 분석할 수 있다.

산호는 매년 탄산칼슘과 탄산마그네슘의 띠를 만드는데, 이 두 원소의 비율을 분석해 수온을 추정한다. 그리고 얕은 바다에서 자라는 산호의 특징을 이용해 과거 해수면 높이를 산출한다. 퇴적물 속에 있는, 얕은 바다에 사는 조개 화석으로도 해수면 높이의 변화를 알 수 있다. 강수는 지하수에 영향을 미치고 동굴 석회암은 지하수에 녹아 퇴적된다. 이 석회 퇴적물에는 수십만 년 전까지 소급할 수 있는 강수량이 기록된다.

나무 나이테는 수십 년에서 수천 년 전까지 기후를 알아낼 수 있는 대리지표다. 건조기후에서 자라는 나무는 강수량이 나이테에 결정적 요인으로 작용하고, 추운 지대 나무는 기온이 나이테의 성장을 결정한다. 화석이 되거나 냉동이 된 상태의 꽃가루 또한 그 당시의 기후 정보를 가지고 있다. 즉, 침엽수인 소나무 꽃가루는 활엽수인 단풍나무 꽃가루보다 추운 날씨였음을 의미한다.

이와 같이 여러 종류의 기후 대리지표를 이용해 옛날 기후를 분석한다. 국지적인 특징을 걸러내기 위해서는 여러 지역의 자료를 함께 분석해야 한다. 기후 자료에 포함되어 있을 잘못된 측정과 추세, 또는 급격한 차이를 파악하기 위해 인근 지역의 다른 기후 자료로 검사한다. 다양한 유형의 대리지표들은 각기 독립적이지만 같은 시기의 것이라면 당시 기후에 반응한 흔적들이 남아 있다. 기후 대리지표의 정확도 수준, 대리지표들 사이의 균형, 여러 갈래의 대리지표들이 보여주는 일관성 덕분에 옛날 기후의 속살이 드러난다.

과거는 물론이고 현재에도 기후를 완벽하게 측정할 수는 없다. 그러나 일부 왜곡이나 오차가 나타나는 등 자료의 질에 부족함이 있더라도 기후 대리지표는 과거의 윤곽을 보여줄 수 있다. 대리지표의 가치는 그 측정 자료가 있을 때 분석한 결과와 그 측정 자료를 제외하고 분석한 결과 간의 유용성 차이로 판단한다. 대부분의 경우, 불충분한 자료 때문에 생기는 오류가 자료를 전혀 사용하지 않아 생기는 오류보다 훨씬 작다.

과학이라고 하면 사람들은 '깔끔하게 정돈된 어떤 것'을 떠올린다. 옛날 기후도 복잡하게 얽힌 대리지표에서 양적·질적 속성을 숫자로 나타낸다. 수량화되려면 기준과 척도가 있어야 하는데 이것이 절대적이지 않다.

이러한 상황을 설명하는 이야기가 있다. 어느 나라의 어떤 마을에서는 대포가 시계 노릇을 했다. 마을 사람들은 포성 덕분에 규칙적으로 살아갈 수 있었다. 12시 정각마다 포성이 울렸는데 그 포발사 시각은 부대장 손목시계에 따라 정해졌다. 부대장은 읍내 시계방 괘종시계를 보고 손목시계의 시간을 맞추었다. 그런데 시계방 주인은 포성 소리를 듣고 괘종시계를 맞추었다.

이 이야기는 사람들이 절대적으로 믿고 따르는 기준과 척도가 자의적이고 순환적이라는 점을 설명하고 있다. 신은 세상을 창조하면서 어떠한 '기준'도 창조하지 않았다. 불완전한 인간이 불완전하게나마 이 세상을 인식하기 위해 기준과 척도를 만들었다. 그러므로 과학은 완벽함을 지향하지만 완벽함에 닿을 수는 없다. 과학은 자연에 관한 절대적 진리가 아니라 그 시대에 인간이 자연을 이해하는 방식이다. 그러므로 과학은 언제든지 새롭게 알아낸 측정 결과가 나타나면 번복될 수 있다. 과학은 항상 열려 있기에 새로운 증거에 도전을 받는다.

모든 것을 다 알 수는 없다. 다만 아는 만큼 볼 수 있고 행동할 수 있다. 우리는 이해하지 못하는 것은 무시하며 측정하지 못하는 것은 관리할 수 없기 때문이다. 그러므로 위기의 지구에서 지금뿐만이 아니라 옛날 기후도 측정해야만 한다.

측정한다는 것은 인류의 근본적인 질문인, '무엇을 알 수 있는가?', '무엇을 해야 하는가?', '무엇을 바랄 수 있는가?'에 관한 대답의 틀을 제시한다. 우리는 측정을 통해 옛날 기후를 알게 되지만 측정 자체가 목표는 아니다. 옛날 기후를 알고자 함은 미래 기후변화에 대응하기 위해서다. 즉, 측정을 통해서 측정할 수 없을 만큼 가치 있는 지구 기후를 지켜낼 수 있다.

수많은 실패를 딛고 합리성을 쌓는 과학

앞으로 무슨 일이 일어날까? 예측은 우리 삶의 많은 부분을 지배한다. 우연에 운명을 맡긴다면 우리는 끊임없이 불안과 위험을 경험할 것이다. 과학의 힘은 바로 예측에 있으며, 과학의 힘을 보여주는 것은 날씨 예측이 대표적이다.

근대적인 날씨 예측은 전쟁에서 시작했다. 크림전쟁이 발발한 지 1년 후인 1854년, 흑해에서 프랑스와 영국의 전함이 폭풍 때문에 큰 피해를 보았다. 천문학자인 위르벵 르베리에Urbain Le Verrier는 당시 유럽 전역의 날씨를 분석한 후 그 폭풍을 예측할 수 있었다고 결론내렸다. 이에 따라 프랑스는 폭풍 경보체계를 구축했다. 이 체계는 '전신telegraph'이라는 당시 신기술을 통해 이루어졌다.

1859년부터 르베리에는 19개 지점의 일일 날씨 공보를 배포했다. 그러나 1854년 폭풍을 예측할 수 있었다는 주장과 실제 폭풍을 예측한다는 것은 별개의 일이었다. 천왕성 궤도에 일어나는 섭동을 연구해 해왕성을 발견한 그의 명성이 일기예보에서는 실추되었다. 그래서 조롱과 비판에 견디지 못한 르베리에는 1867년에 일기 예보 조직을 해산했다.

1854년에 영국도 다윈을 지구 곳곳으로 안내했던 비글호의 선장인 로버트 피츠로이Robert FitzRoy에게 기상 통계를 관리하는 업무를 맡겼다. 당시 영국은 폭풍 때문에 선박 손실과 인명 피해가 자주 일어났었다. 바야흐로 일기예보를 제공할 때가 된 것이었다. 피츠로이도 르베리에와 마찬가지로 전신을 통해 전국에 흩어져 있는 관측소부터 기상 정보를 모았다. 만약 관측 자료에서 폭풍이 런던을 향하고 있다면, 폭풍이 당도하기 전에 그 사실을 런던 시민에게 알릴 수 있으리라 믿었다. 피츠로이는 1861년 8월 1일 자 런던《타임스》에 첫 일기예보를 발표했다.

피츠로이의 일기예보는 "내일 날씨는 오늘 날씨와 비슷할 것이다"라고 말하는 것과 다를 바 없었다. 그의 예보는 그 결점을 조롱하는 사람들의 먹잇감이었다. 한편 과학자들은 단순히 날씨를 외삽外插, extrapolation하는 그의 예보 방법이 과학적이지 않다고 비판했다. 조롱과 비판을 받아 사면초가에 놓였던 피츠로이는, 르베리에와 달리 일기예보 조직을 해체하지 않았다. 그가 떠난 지 얼마 되지 않아, 일기예보를 혁신적으로 변화시킬 과학적 토대가 싹트기 시작했다.

「영국기상청 과학전략: 2016-2021」 맨 앞장에 피츠로이의 글이 실려 있다. "인간은 바람의 분노를 잠재울 수는 없지만 예측할 수는 있다. 폭풍을 달래지는 못해도 그 파괴로부터 탈출할 수는 있다.

조난으로부터 생명을 구하는 장치를 통해 끔찍한 재난을 완화할 수 있을 것이다." 그리고 오늘날 영국 기상청은 피츠로이 거리에 세워져 있고 세계 최고 수준의 기상 예보와 연구의 중심부가 되었다.

20세기 전반에 유체역학과 열역학에 기반해 날씨 예측의 기본적인 이론 체계가 완성되었다. 제2차 세계대전이 끝난 직후 항공기와 레이더를 이용해 구름의 내부를 알아냈다. 1960년대부터는 위성에서 구름의 흐름을 관측했고, 1980년대 이후에는 위성 관측 자료로 전 지구의 기온, 습도, 바람, 온실가스, 에어로졸과 지면 상태 등을 알 수 있다.

날씨 예측은 종이와 연필로는 풀 수 없는 방정식으로 구성된다. 컴퓨터가 발명되고 나서야 비로소 날씨 예측 방정식의 근사해를 구할 수 있는 예측모형이 개발되었다. 1970년부터 날씨 예측모형이 실제 예보에 사용되고 있다. 우리나라에서는 기상청에서 1990년대부터 날씨 예측모형을 운영하기 시작했다.

날씨 예보의 정점에 예측모형이 있다. 날씨 예측모형은 지금까지 인류가 날씨에 관해 이해하고 있는 과학을 집대성한 체계이기 때문이다. 날씨의 물리적 기본 원리는 운동량, 질량과 에너지 보존법칙이다. 이로부터 유도된 미분방정식으로 어떻게 대기가 움직이고 열과 습기가 교환되는지를 구현하는 예측모형을 만든다. 이때 미분방정식을 사용하는 이유는 변화하는 세상 만물을 정량적으로 표현할 수 있기 때문이다. 이 방정식을 시간에 따라 적분하면 날씨를 예측할 수 있다. 즉, 예측모형에서 날씨는 미분으로 표현되고 적분으로 예측된다.

날씨 예측모형은 슈퍼컴퓨터에서 다음 과정을 통해 수행된다. 가장 먼저 세계에서 관측된 기상 자료가 실시간으로 입력된다. 즉, 실제 공간의 날씨가 관측을 통해 컴퓨터의 가상공간으로 들어오는 것이다. 관측 자료는 시간적으로 불연속적이고 공간적으로 불균질하며 관측 장비에 따라 이질적이기도 하다. 그러므로 가상공간의 각 격자점에 관측 자료를 연속적으로 일정하게 배치한다.

이를 초기조건으로 모형이 날씨를 예측한다. 그 결과는 날씨 정보로 제공되어 우리 삶에 영향을 준다. 시간이 흘러 예측이 현실이 되는 순간, 예측할 당시 안 보였던 것이 드러난다. 즉, 관측을 통해 예측이 왜 틀렸는지를 알게 되며 이를 기반으로 날씨 예측모형을 개선한다. 이처럼 날씨 예측은 현실과 가상의 세계를 오가는 역동적인 과정이다.

날씨 예측모형은 그 계산량이 크므로 슈퍼컴퓨터를 이용해야 운영할 수 있다. 아직 이보다 더 합리적인 예측 방법은 없다. 그러므로 기상과학자가 날씨를 예측할 때 슈퍼컴퓨터를 사용하겠다는 것은 우리 사회의 합리적 수준을 높이겠다는 의지이기도 하다. 슈퍼컴퓨터는 세계 10위권의 경제 대국인 대한민국이 합리적 사회를 지향한다면 마땅히 치러야 할 비용이다.

예보가 틀릴 때마다, 기상청은 슈퍼컴퓨터를 사용하면서도 왜

이 모양이냐는 비난을 받는다. 슈퍼컴퓨터를 사용한다 해도 완전하게 확실한 예보 따위는 이 세상에 없다. 다시 말해 확실할 수 없는 것이 확실해야 한다는 전혀 과학적이지 않은 근거로 날씨 예보를 비난할 수는 없다. 이는 전제가 틀렸기 때문에 실제로 해결해야 할 예보 문제를 들여다볼 수 없게 만든다.

예보관이 예보를 낼 때 우리나라에서 생산한 자료뿐만 아니라 유럽연합, 미국, 일본의 날씨 예측모형 결과도 참고한다. 우리나라 예보관이 기상 정보 부족으로 다른 나라보다 예보를 못 할 가능성은 거의 없다. 태풍 진로의 경우, 언론에서 미국과 일본의 예보도 함께 알려준다. 각 나라 예보가 조금씩 차이 나는 이유는 실력의 차이가 아니라 예보 불확실성을 의미하는 것이다. 우리나라 영역으로 태풍이 진입하면, 우리나라 예보관이 세상에서 가장 열심히 자료를 보고 판단한다. 단순히 한 사례에서 다른 나라보다 오차가 큰 것을 가지고 비난하는 건 과학적이지 않다.

유럽입자물리연구소CERN는 "과학에서 실패한 결과도 과학의 성공이고 과학이 하는 일"라고 주장했다. 2015년 말 유럽입자물리연구소는 초대형입자가속기에서 물질의 근원을 찾을 수 있는 새로운 신호를 발견했다고 발표했다. 그 후 이에 대한 논문 500여 편이 쏟아졌는데, 2016년 8월 "우리는 아무것도 보지 못했다. 지난해 우리가 본 신호는 결함이었다"라고 결론지었다. 당시 10조 원을 사용한 초대형입자가속기에 대해서는 그 어떤 비난도 없었다.

과학이 실패도 성공이라고 당당하게 말할 수 이유는 무엇인가? 물리학자 카를로 로벨리Carlo Rovelli는 "과학의 힘은 확실성이 아니다. 우리의 무지가 어디까지인지를 날카롭게 인식하는 데서 온다. 과학의 대답들이 확정적이어서 믿을 만한 게 아니다. 지식의 기나긴 역사 가운데 한순간 우리에게 주어진 가장 합리적인 대답이므로 믿을 만한 것이다"라고 했다. 이처럼 과학의 결과는 최종적인 것이 아니라, 항상 개선될 수 있는 상태에 있다. 과학의 합리성이 확실성을 보장하지 않기 때문에 새로운 세계가 열린다. 즉, 자신감을 진실성이라고 착각하는 세상에서, 확신하지 않는 것은 나약한 태도가 아니라 진정으로 강인한 태도일 수 있다. 확신하지 않기에 기존 체계에 안주하지 않고 새로운 가능성을 치열하게 찾으려 하기 때문이다.

그러므로 예보가 도출되는 과정이 얼마나 과학적으로 타당한지를 따져보는 것이 중요하다. 세상은 정확한 답을 요구하지만, 과학은 그릇된 과정으로 얻은 정확한 답을 신뢰하지 않는다. 과학에서는 과정이 결과보다 중요하기 때문이다. 이 합리성이 우리가 예보할 수 있고 개선할 수 있는 근거가 된다.

기상청에서 발표하는 비 예보에 맞춰 대부분의 사람이 우산을 준비하고 주말 야외 활동 계획을 조정한다. 날씨 요소 중 비 예보가 가장 불확실성이 크다. 비 예보에 맞춰 대응하는 사람들조차 그 예보가 완벽하게 맞을 거라고 생각하지 않는다. 다만 그렇게 하는 게 실용적으로 유익하기 때문에 그렇게 할 뿐이다. 확실성이 행동의 전제 조건이 아니다. 불확실성 안에 담긴 신호에 따라 실용적인 대응을 해야 한다.

또한 날씨 예측은 미래를 예견하는 차원을 넘어 미래를 통제하는 문제다. 기상 재난과 관련된 모든 대비는 아무리 주의 깊게 고려한다 해도 결함이 있다. 날씨 예측에 불확실성이 포함될 수밖에 없기 때문이다. 그러나 불확실은 혼란스럽지만, 동시에 역설적이게도 안정을 가져오는 힘이 되기도 한다. 예측 실패의 결과가 치명적일 경우라면, 불확실성은 신중함으로 이어지고 그만큼 오류와 재앙의 위험을 감소시킬 수 있다.

실제가 예측에 따라 작동하기도 한다. 가장 대표적인 분야가 경제다. 예측된 경제성장률에 따라 정부는 예산 계획을 수립하고 경영자들은 투자를 결정한다. 마찬가지로 날씨 예측이 있어야 수자원을 제어하고, 전력 수급을 결정하고, 농산물 생산 대책을 세울 수 있다. 이처럼 앞으로의 날씨 예측은 생활 편이나 자연재난 대응뿐만이 아니라 물, 식량, 에너지 등과 같은 국가전략 분야로 확대되어야 한다.

날씨를 이해하는 분야에서는 엄청난 발전이 이루어졌지만, 아직 이해한 만큼 정확하게 예측하지는 못하고 있다. 이해하고 있는 것과 실제 가능한 것 사이에 차이가 있는 것이다. 그러나 현재 발표하고 있는 3일 후의 예보는 40년 전에 발표했던 1일 예보보다 더 정확하다. 날씨 예측은 제대로 평가받지 못하는 과학의 성과 중 하나다. 세간의 평가와는 다르게 날씨 예측은 본질적인 가치가 있으며,

국가경쟁력에까지 영향이 확대되고 있다.

백영옥은 그의 수필에서 "누군가에게 예측 가능한 사람이 되어준다는 건, 그 사람의 불안을 막아주겠다는 뜻이다"라고 썼다. 불안을 막아주려는 마음은 우리가 모두 지녀야 할 아름다운 가치다. 이것은 기상과학자 역시 끊임없이 추구해야 할 가치이기도 하다.

집단지성을 닮은 앙상블 예측이 불확실성을 극복한다

화가 클로드 모네Claude Monet는 루앙 성당을 여러 번 그렸다. 가장 뛰어난 그림을 고르기 위해서가 아니었다. 시시각각 달라지는 햇빛에 따라 다르게 보이는 성당의 모습을 포착하기 위해서였다. 루앙 성당의 참모습은 하나의 뛰어난 그림에서 나타나는 게 아니라 여러 그림의 차이에서 비로소 드러날 수 있기 때문이었다.

날씨 예측모형은 예측 불확실성에서 벗어날 수 없다. 초기조건의 미세한 차이가 여러 다른 예측을 만들 수 있으므로 뛰어난 하나의 예측만으로는 날씨의 참모습을 드러낼 수 없다. 단 하나의 예측으로 확실함에 닿을 수 없다면, 여러 예측 간의 차이를 살펴볼 필요가 있다. 차이를 발생시키는 가능성이 창의적인 영역으로 나가게 하는 선결 조건이 될 수 있기 때문이다. 날씨 예측의 무수한 가능성, 다시 말해 불확실성이 왜 일어나며 이것이 어떤 새로운 예측의 세계를 열 수 있을까?

날씨 예측모형의 초기조건을 만들 때, 여러 곳에서 얻은 여러

모네의 '루앙 성당' 연작 그림. 시시각각 달라지는 햇빛에 따라 성당이 다르게 보인다.

관측이 모든 곳에서 얻은 모든 관측이 아니라는 데 치명적인 문제가 있다. 여러 곳이나 여러 가지에 포함되지 않은 현상이 날씨에 영향을 주어 예측을 틀리게 한다.

초기조건을 향상시키기 위해 위성을 쏘아 올리고 레이더를 촘촘히 배치하는 등 관측망을 확대한다. 이를 통해 알 수 없었던 날씨를 알아내지만, 다시 알 수 없는 날씨를 만나게 된다. 이처럼 아무리 탐구해도 다 알아낼 수 없는 날씨의 무한한 실재는 관측이 정교해질수록 새로운 모호함을 드러내기에 우리는 결코 그 본질에 다가가지 못한다. 이 순환 고리 속에 있기 때문에 예측 불확실성을 벗어날 수 없다. 이처럼 과학은 확실한 만큼 불확실하고, 기존 난제를 해결한 만큼 새로운 문제를 만난다. 그러므로 이 세상에서 가장 확실한 것은 '어느 것도 확실하지 않다'라는 것이다.

이는 MIT의 에드워드 로렌즈Edward Lorenz 교수가 간단한 날씨 예측모형으로 수행한 복잡계(카오스) 연구를 통해서 알려졌다. 직관적으로 비슷한 초기조건은 비슷한 경로를 따를 것으로 예측된다. 그러나 실제로는 예측이 초기조건에 민감해 원인이 결과에 비례하지 않는다. 카오스 이론에서는 거의 완벽한 초기조건이 거의 완벽한 예측을 위한 충분조건이 되지 않는 것이다.

날씨는 복잡계이므로 관측에 포함된 미세한 작은 오차가 예측시간에 따라 지수함수적으로 증폭하기 때문이다. 초기 오차의 증폭정도가 예측 가능성을 결정한다. 예측 가능성은 대기 현상에 따라 다르다. 번갈아 지나가는 고기압과 저기압을 예측할 수 있는 기간은 2주 정도고, 강수 과정은 몇 시간 정도다. 이것이 앞으로 1주일 동안 따뜻할지 추울지는 잘 맞힐 수 있어도 강수 예측은 잘 안 맞는 이유다.

예전에는 과거 날씨에서 미래 날씨를 예측할 수 있다고 생각했다. 오늘 날씨가 어떻게 진행될지를 알려면, 오늘의 조건과 같은 예전 일기도를 찾아 과거 날씨가 어떻게 진행되었는지를 보면 된다고 여긴 것이다. 그러나 로렌즈의 예측 연구는 완전한 초기조건이 없다는 것을 보여주었다. 이는 현재 날씨와 정확히 같은 과거 날씨를 찾을 수 없으므로, 현재 날씨로는 미래 날씨를 정확히 예측할 수 없음을 뜻한다. 이로써 우리는 예측하기 어려워서 예측하지 못하는 것과 본질적으로 예측할 수 없어서 예측하지 못하는 것을 구별할 수 있게 되었다.

카오스의 발견은 날씨 예측의 새로운 길을 열어주었다. 카오스는 단순한 무질서가 아니다. 기상학자들은 카오스 안에 있는 질서의 흔적을 찾기 위해 하나의 예측을 정교하게 만드는 데 모든 계산 역량을 쏟아붓는 대신, 여러 초기조건으로 여러 예측 결과를 산출한다. 이때 초기조건은 단순히 무작위적인 변화가 아니라 관측 오차 내에서 작은 변화를 가해 만들어진다.

관측 오차는 자연법칙 안에서 나타나는 '우연'으로 작용한다. 각기 다른 초기조건은 날씨를 지배하는 결정론적 방정식계라는 특정한 구조 안에서 자신만의 길을 향해 간다. 그렇기 때문에 이 여러 예측은 우연으로 만들어지는 정보를 가지게 된다. 이 정보로 인해 여러 예측 결과를 함께 분석하면 개별 예측보다 정확도가 높아진다.

이는 다윈의 사촌인 프랜시스 골턴Francis Galton이라는 통계학자가 이미 1907년에 확인한 사실이다. 당시 영국 시골 장터에서 소 한 마리를 무대에 올려놓고 몸무게를 맞히는 대회가 열렸다. 골턴이 지켜보던 날은 800여 명이 이 행사에 참여했는데, 정확하게 소 무게를 맞힌 사람이 없었다. 그런데 사람들이 적어낸 소 무게의 평균을 내보니 거의 정확했다. 단 한 사람도 맞히지 못했지만, 여러 사람의 판단이 모이자 정확한 무게를 맞힐 수 있는 '집단지성'이 작동한 것이다.

집단지성이 성공하기 위해서는 조건이 필요하다. 집단이 편향되지 않아야 한다. 독립적으로 자신의 의견을 낼 수 있어야 정확한 어울림을 만들어낼 수 있기 때문이다. 선거에서도 각자의 선거권이 진정한 가치를 가지려면 참여하는 모든 사람이 서로 종속적인 관계가 아니라 독립적인 관계여야 하는 것과 마찬가지다.

칼릴 지브란Kahlil Gibran도 〈예언자〉에서 각자가 혼자여야 어울림이 이루어진다고 말했다.

> 함께 있되 거리를 두라.
>
> 그래서 하늘 바람이 너희 사이에서 춤추게 하라.
>
> …
>
> 함께 노래하고 춤추며 즐거워하되
>
> 서로 혼자 있게 하라.
>
> 마치 현악기의 줄들이 하나의 음악을 울릴지라도
>
> 줄은 서로 혼자이듯이.

날씨 예측모형에서도 초기조건들이 집단 편향성을 가지고 있다면, 예측 결과도 편향성을 벗어나지 못한다. 즉, 집단의 예측이 하나의 예측보다 나은 점이 없게 된다. 불확실성을 예측의 근원적 속성으로 받아들이려면 서로 독립적인 초기조건을 사용해야 한다.

서로 독립적인 초기조건들로 여러 결과를 예측하는 기법을 '앙상블 예측'이라고 한다. 음악에서 앙상블은 여러 명의 연주자에 의한 합주를 의미한다. 이때 같은 악기로 같은 음을 연주한다면 앙상블의 의미가 없다. 서로 독립적인 다양함이 조화를 이룰 때만 아름다운 음악이 될 수 있다. 이처럼 앙상블 예측 결과는 독립성과 서로 조화를 이루어야 한다. 홀로 극단적이면 전체와 앙상블을 이루기 어렵기 때문이다. 개개 예측의 차이는 우연처럼 보이지만 날씨를 지배하는 자연법칙의 틀 안에서 조화를 이루어야 한다. 즉, 각각의 앙상블 예측은 자연법칙을 벗어나는 터무니없는 날씨를 예측하지 않아야 하지만, 정확히 똑같은 날씨를 예측하지도 않아야 한다.

날씨 예측에서도 모두 비슷하게 우수한 100개 결과를 내는 경우보다, 성능이 좀 떨어진다 해도 다양한 100개의 앙상블 결과를 산출할 때 더 효과적이다. 이를 인간 사회에 적용하면, 비슷한 생각을 하는 우수한 100명보다는 다양한 의견을 가진 평범한 100명이 더 좋은 결과를 낼 수 있다는 뜻이다. 또한 다수가 따르는 의견에 대해, 다양한 이유로 문제를 제기하는 소수가 어느 정도 어떻게 분포해 있는지도 알 수 있다. 의견의 분포가 집중되어 있다면 실행하기 쉽겠지만 분포가 넓게 흩어져 있다면 실행하기 어려울 것이다.

앙상블 예측도 날씨에 따라 예측이 어느 정도로, 어떻게 분포해 있는지를 알려준다. 예측 시간이 길어짐에 따라 초기조건의 정보가 지수함수적으로 빠르게 사라지지만, 날씨에 따라 정보를 잃어버리는 정도가 다르기 때문이다. 그 결과 앙상블 예측은 예측 간의 차이로 예측 가능성을 나타낼 수 있다. 예측 간의 차이가 작다면, 정확할 가능성이 크다. 반면 예측 간의 차이가 서로 크게 다르면 예측이

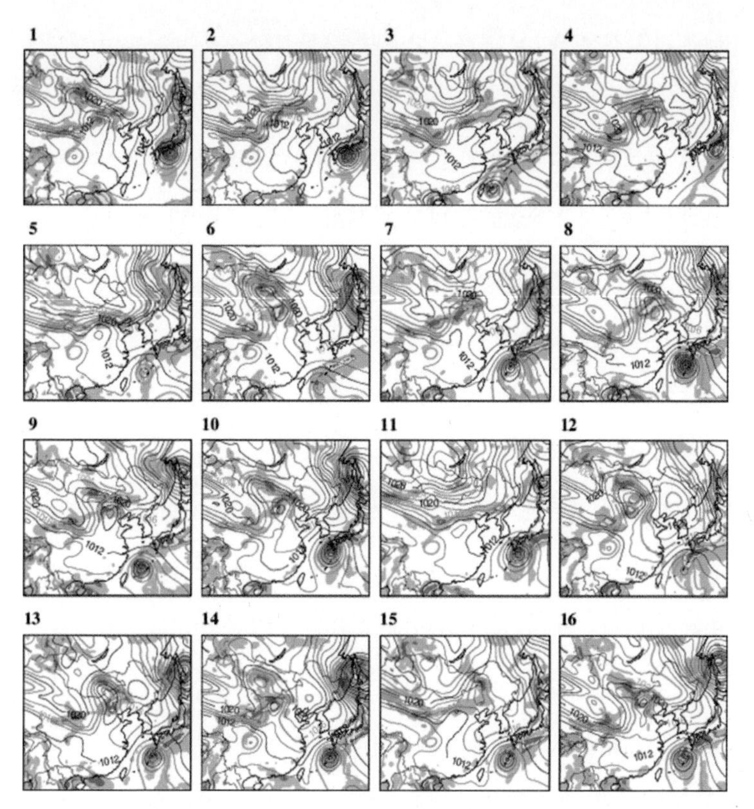

태풍 차바의 앙상블 예측(2016년 10월 4일부터 3일간의 예측). 초기조건에 따라 다르게 예측된 태풍 위치. 출처: 기상청

정확할 가능성이 작다.

또한 앙상블 예측에서 대기가 안정할 경우에는 불확실성이 작고, 불안정할 경우에는 불확실성이 크다. 즉, 날씨 상황에 따라 예측이 빗나가는 정도인 불확실도(신뢰도)를 산출할 수 있다. 이처럼 예측 불확실성의 숙명을 우연에 맡기지 않으려면 우리는 '알 수 없는

예측 불확실성'을 '계산 가능한 예측 불확실성'으로 바꾸어야 한다.

시인 이성복은 "이야기된 불행은 불행이 아니다. 그러므로 행복이 설 자리가 생긴다"라고 했다. 빗나갈 수밖에 없는 예측이라면, 불확실성을 적극적으로 규명하는 것이 옳은 전략이다. 왜냐하면 설명할 수 있는 불확실성이라면 거기에서 새로운 가능성을 열 수 있기 때문이다. 날씨를 완벽하게 예측할 수 없는 것은 과학의 한계이지만, 예측을 얼마나 신뢰할 수 있는지 측정할 수 있다는 것은 날씨 예측의 새로운 영역이기도 하다.

앙상블 예측에서 제공하는 신뢰도를 판단해 시민은 자신의 행동을 결정할 수 있다. 날씨에 민감한 상품과 서비스를 제공하는 기업에서는 예측 신뢰도를 판단해 계획을 조정할 수 있다. 기업들의 경쟁 우위는 보통 미미한 수익률 차이로 결정된다. 정량화된 날씨 예측 신뢰도를 사용한다면 경쟁의 우위를 점할 가능성이 커질 것이다. 지금까지 날씨 예측은 민주주의와는 무관한 전문가의 영역으로만 여겨졌다. 불확실성의 시대에는 날씨 예측도 시민과 기업이 스스로 예측에 참여하는 민주주의를 지향해야 한다.

인간관계에서도 확실성을 붙잡으려 하면 할수록 오히려 더 불안해지고 더 숨이 막히게 된다. 서로 사랑하는 사람도 "넌 내 거야!"라고 선언하는 순간부터 상대에 대한 떨림은 사라지고, 자연스러운 흐름이 멈춰버린다. 불확실성을 줄인다고 확실함만을 추구해서는 문제를 해결하기 어렵다. 확실함을 추구하다 보면 현실의 복잡함과 모순을 놓치게 되기 때문이다.

"온전한 지남철은 마구잡이로 떨지 않습니다. 남쪽이라는 구체적인 지향점이 있지요"라고 고려대학교 윤태웅 교수는 그의 책 『떨리는 게 정상이야』에 썼다. 날씨 예측도 불확실성으로 떨리는 게 정상이지만, 그 떨림이 마구잡이는 아니다. 하나의 결정론적 예측이 아니라 떨림 안에 담겨 있는 지향점을 찾아내는 앙상블 예측이 날씨 예측의 불확실성을 극복하게 할 것이다.

모든 것을 알지 못한다고 해서,
아무것도 알지 못하는 건 아니다

내일모레 날씨 예측도 틀리는 경우가 있지만, 100년 후에 일어날 기후변화를 전망한다. 날씨 예측의 불확실성을 뻔히 알면서도 먼 미래 기후변화를 전망할 수 있는 과학적 근거는 무엇인가?

미래에 얼마나 더 따뜻할지를 알려면 가상현실 컴퓨터 프로그램인 기후모형을 사용해야 한다. 기후모형은 다음 세 가지를 기반으로 한다. 첫 번째, 우주를 지배하고 있는 물리적 법칙이 적용되어야 한다. 두 번째는 장마전선, 태풍과 같은 대기 현상의 특징을 나타낼 수 있어야 한다. 세 번째는 과거 기후와 그 변화의 경향을 재현해야 한다. 이 세 가지 조건을 통과해야 그 기후모형이 내놓는 미래 전망을 신뢰할 수 있다.

경제 예측모형도 미래를 전망하지만, 우주적인 원리에 기반을 두지 않는다. 따라서 과거 경기 부양이나 긴축 정책 수행의 성공 또는 실패가 그대로 예측에 적용되지 않는다. 반면 기후모형은 과거 관측과 미래 예측이 같은 물리적 원리로 작동한다. 따라서 불확실성이 있다 해도, 기후변화 전망은 경제 예측보다 과학적 합리성과 결과에서 명백한 우위에 있다.

기후모형은 대기 이외에 다른 지구시스템 요소도 중요하게 다뤄야 한다. 바다는 대기에 열과 수증기를 공급하는 원천이다. 빙하나 해빙은 해수와의 상호작용을 통해 대기에 영향을 미친다. 식생이나 토양은 수분과 열을 대기와 교환한다. 산업 활동으로 배출된 탄소의 순환 과정도 고려해야 한다.

기후모형은 대기, 해양, 빙하, 해빙, 탄소 순환, 에어로졸, 하천, 식생 역학vegetation dynamic과 생지화학biogeochemistry 순환 등으로 서로 연결되어 있다. 이처럼 지구시스템 전체를 아우르므로 요즈음은 기후모형이라 하지 않고 '지구시스템모형'이라 부른다. 2000년대 이전의 기후모형은 온도, 강수량, 해양 순환과 같은 물리적 변수만을 전망했으나, 지구시스템모형에서는 식생 상태, 해양 산성화, 대기화학, 먼지, 하천 유출량, 탄소와 질소 순환 등도 알 수 있다. 지구시스템모형의 융합기술과 그 효과가 점차 중요해지고 있다.

과학이 자연현상을 그 요소로 환원함으로써 발전해온 것처럼, 지구시스템모형도 개별 요소로 나누어 구축되고 있다. 그러나 실제 기후는 환원된 부분들의 단순한 합이 아니라 전일적全一的으로 작용한다. 지구시스템 요소 간의 다양한 되먹임으로 부분 변화가 전체에 영향을 미치기 때문이다. 예를 들어 이산화탄소 증가는 해양 탄소 순환을 바꾸며 지구온난화로 식생 변화를 일으킨다. 이 변화는 다시 대기 성분을 변화시켜 되먹임으로 작용한다.

지구시스템모형이 개선되고 그 예측 신뢰도가 향상되었지만, 불확실한 영역은 여전히 남아 있다. 모형 격자에서 포착되지 않을 정도로 작은 규모의 현상 때문이다. 이 범주에 속하는 현상은 구름, 난류, 복사, 응결, 증발, 마찰 등이 있다. 이 특징들과의 상호작용을 대략적인 형태로 모형 안에서 구현하는 것을 모수화parameterization라고 한다. 미래 기후변화 전망에서 구름 모수화가 가장 큰 불확실성으로 작용한다.

기존 모수화가 개선되거나 새로운 모수화가 추가되면 일시적으로 불확실성이 증가하는 경우도 있다. 하지만 이것은 이전에 고려하지 못했던 불확실성을 정량화하므로 개선될 여지가 있다. 모수화 과정이 개선되고 추가됨에 따라 기후변화 전망에 대한 신뢰도가 높아진다. 이처럼 모형에 지구시스템을 지배하는 요인을 더 많이 포함하면서 프로그램이 늘어나고 있다. 오늘날 지구시스템모형은 50만~70만 줄의 프로그램으로 구성된다. 계산량이 방대하기 때문에 수천 개의 CPU를 사용하는 슈퍼컴퓨터에서 모형을 구동한다.

과학은 결과를 반드시 검증해야 한다. 하지만 지구시스템모형으로 전망된 결과는 먼 미래에 일어날 일이므로 관측으로는 검증되지 않는다. 따라서 산업혁명 이후 현재까지 기후를 재현해 과거 관측 결과와 비교하면서 지구시스템모형을 검증한다.

기후변화는 외부적 원인(태양 활동, 화산, 인간 영향)이 기후 요소에 영향을 미치고, 이로 인해 변화된 요소 간의 복합적인 상호작용으로 일어난다. 자연적인 원인(태양 활동, 화산)만을 고려한 모형은 관측된 지구온난화를 재현하지 못한다. 자연적인 원인뿐만이 아니라 인류가 배출한 온실가스와 에어로졸을 포함한 재현만이 최근 전지구적 기온 추이와 맞아떨어진다. 여기에 더해 위도가 높을수록 더 큰 온난화, 낮 기온보다 밤 기온의 더 빠른 상승, 화산 폭발 후에 일어난 지구적 냉각과 그 후의 회복 등도 재현해낸다. 과거의 기후변화를 재현할 수 있는 지구시스템모형만이 미래를 전망할 수 있다.

앞으로 예상되는 인류에 의한 온실가스 배출량 시나리오에 따라 미래 기후변화를 전망한다. 미래 전망에는 언제나 불확실성이 있다. 이를 해결하기 위해 세계 여러 기관에서 운영 중인 모형 결과를 서로 비교해야 한다.

온실가스 배출량 시나리오는 사기꾼의 주사위에 비유할 수 있다. 시나리오가 '특정 숫자 쪽에 무게가 더해진' 주사위처럼 작동하기 때문이다. 시나리오에 따라 각 기관의 지구시스템모형은 어느 한쪽에 편향된 결과를 산출한다. 다시 말해 모형의 결과는 외부 강제력에 따라 끌개attractor에 정착한다. 이는 남한 주민과 북한 주민의 평균 사망 연령이 각각의 사회경제적 조건에 따라 뚜렷하게 차이가 나는 것과 같다. 이 경우 '사회경제적 조건'이 '온실가스 배출량 시나리오'이고 '주민'이 '개별 모형의 결과'다. 각 기관 모형에서 산출한 결과들을 모아 평균을 내서 미래를 전망하고, 분산을 확인해 전망의 신뢰성을 평가한다. 이렇게 기후 전망은 확실한 것만이 아니라 불확실한 것도 함께 말할 수 있다.

날씨는 폭풍우나 눈사태같이 짧은 시간 규모의 대기 현상을 예측하지만, 기후는 해양, 빙하, 지표 변화 등 긴 시간 규모의 현상을 다룬다. 또한 기후는 인간 활동에 따른 온실가스 변화와 같이 천천히 일어나는 요소에 영향을 받는다. 날씨 현상은 카오스 특징 때문에 2주 이상 예측하는 것이 불가능하다. 2주 이내의 특정한 날에 어떤 현상이 일어날지 예측하기 위해서는 초기조건을 정확히 알아야 한다. 그런데 기후는 계절에서 수십 년에 걸친 평균 추세이므로 초기조건에 민감하지 않다. 어떤 사람이 몇 살에 사망할지 예측하기는 불가능하지만, 우리나라 평균 사망 연령이 약 80세라는 것은 확신을 가지고 말할 수 있는 것과 마찬가지다.

날씨와 기후가 다르듯 날씨 예보와 기후 전망도 서로 다르다. 그러므로 날씨 예보의 불확실성을 근거로 기후 전망의 불확실성을 이야기할 수 없다. 기후 전망의 모든 것을 알지는 못한다고 해서, 아무것도 알지 못하는 건 아니다.

날씨 예측은 있는데, 지진 예측은 왜 없을까?

매도 먼저 맞는 게 낫다는 속담이 있을 정도로 인간은 불확실한 상태에서 벗어나려 한다. 왜냐하면 시험에 붙을까 떨어질까, 내가 손해를 보게 될까 이익을 보게 될까, 일단 판정이 내려지면 마음을 내려놓을 수 있지만, 판정이 내려지지 않은 불확실한 상황에서 인간은 불안을 느끼기 때문이다. 앞으로 일어날 일을 알아야 자신에게 주어진 바에 따라 삶을 결정하고 영위해나갈 수 있다.

특히 자연재해를 미리 예측하는 것은 우리의 안전을 위해 추구할 만한 가치가 있다. 그러나 모든 재해를 예측할 수 있는 건 아니다. 불확실성이 있지만 날씨는 예측할 수 있다. 하지만 지진은 예측할 수 없다. 그렇다면 무엇이 날씨는 예측할 수 있게 하고 지진은 예측할 수 없게 하는가?

대기에서 관측된 운동에너지를 분석해보면, 햇빛 강도의 변화에 따른 하루 주기와 1년 주기가 있다. 하루와 한 달 사이에 있는 운동 에너지 피크peak는 수평 공간 크기가 수천 킬로미터이며 고기압과 저기압이 번갈아 지나가면서 생긴다. 한 시간에서 몇 시간 사이에 있는 운동에너지는 공간 규모가 수백 킬로미터이며 눈과 비의 생성·발달·소멸 과정과 관련된다. 1분 정도에 있는 피크는 소용돌이 난류와 대류로 발생한다. 대기 현상은 이 밖에도 여러 원인에 따라 발생하므로, 각 원인에 따라 각기 다른 기상 현상의 이름이 있다.

지구 지각은 끈적한 맨틀 위에서 끊임없이 흔들린다. 이 흔들림으로 지각에 스트레스가 쌓여 있다가 풀리는 과정에서 지진이 발생한다. 지진은 이 한 가지 원인 때문에 발생하므로 베노 구텐베르크Beno Gutenberg와 찰스 리히터Charles Richter가 밝혀낸 규모에 따른 지진 발생 횟수는 봉우리가 없는 매끈한 선으로 드러난다. 그러므로 대기 현상처럼 여러 이름이 붙지 않고, 작은 지진이든 큰 지진이든 모두 다 지진이라 한다.

지진 발생과 강도 간에는 규칙이 있다. 지진 에너지양이 강도를 결정하며 이를 '규모'라 한다. 매년 세계에서 규모 3 이상 지진은 대략 10만 번 발생하고, 규모 6 이상은 약 100회, 그리고 규모 8 이상은 2~3회 일어난다. 규모가 1이 커질 때마다 발생 건수는 약 10분의 1씩 줄어든다. 강한 지진은 약한 지진보다 항상 드물게 일어난다. 이는 지진 발생 횟수가 강도의 제곱에 반비례하는 '거듭제곱 분포'로 나타난다.

거듭제곱 분포는 탁자가 흔들리는 정도부터 도시를 뒤흔드는 정도까지, 모든 규모의 지진에 적용된다. 이것은 큰 지진이나 작은

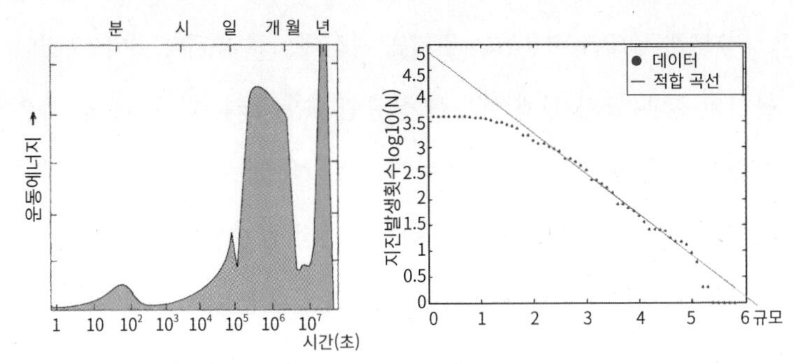

왼쪽은 대기 운동에너지의 시간 스펙트럼. 오른쪽은 지진 규모에 따른 우리나라 지진 발생 횟수. (기상청 제공)

지진이나 같은 원인에서 발생하기 때문이다. 지진의 특성을 밝히려면 작은 지진은 무시하고 큰 지진에만 매달려서는 안 된다. 작은 지진이 더 자주 일어나기 때문에, 통계적으로 의미 있는 결과를 얻을 수 있는 작은 지진에도 주의를 기울여야 한다.

거듭제곱 분포가 나타나는 이유를 복잡계 과학자인 페르 박Per Bak과 차오 탕Chao Tang의 모래 쌓기 실험으로 살펴보자. 모래알을 떨어뜨려 모래더미를 쌓는 경우, 처음에는 모래알이 서로 마찰하면서 경사면에서 흘러내리지 않는다. 모래알을 계속 떨어뜨려 모래더미가 급한 경사를 이루면, 떨어진 모래알이 다른 모래알과 충돌하며 연쇄반응이 일어난다. 결국 모래더미의 빗면 전체가 미끄러지는 사태에 도달한다. 모래 사태가 일어나기 직전에 떨어뜨린 모래알이, 사태를 일으킬지 안 일으킬지 알려주는 징조가 없다. 즉, 모래알의 운동만을 알고서는 모래더미 전체의 변화를 이해할 수 없다.

모래 사태에 적용되는 원리는 지진에도 적용된다. 지진도 원인 크기와 결과 크기 간에 아무런 상관관계가 없다. 직관적으로 작은 원인이 작은 결과를 낳고, 큰 원인이 큰 결과를 낳을 것 같다. 하지만 지진 발생의 전후 상태를 가르는 임계점에서는 작은 원인에도 연쇄반응이 일어나 전체가 변화된다. 임계점 가까이에 있을 때를 '임계상태'라 한다. 임계상태에서는 큰 지진이라고 해서 반드시 그 원인까지 특별해야 할 이유는 없다. 큰 지진은 단지 임계상태에서 일어나는 큰 변이일 뿐이다. 임계상태에서의 변이가 거듭제곱 분포로 드러난다.

모래 사태가 일어난 후에는 모래더미의 경사가 완만해져 안정을 되찾는다. 여기에 모래알이 더해지면 다시 사태가 일어날 수 있는 임계상태로 복원된다. 즉, 모래더미는 자기 조직적으로 불안정한 자리인 임계상태로 돌아가려 한다. 지진도 임계상태에서 발생하는 자기 조직적 현상이므로 주로 발생한 곳에서 반복된다.

임계상태는 여러 요소의 관계가 밀접해 서로에게 영향을 크게 미칠 때 나타난다. 이를 과학전문 칼럼니스트인 마크 뷰캐넌Mark Buchanan은 그의 저서 『우발과 패턴』에서 자석을 이용해 설명했다. 자석을 이루는 철 원자는 그 자체가 자석이다. 상온에서 원자 자석은 한 방향으로 작동한다. 그런데 온도가 임계점인 770도보다 훨씬 높으면 원자 자석 방향은 마구잡이로 이리저리 움직인다. 이 경우 개별 원자 자석의 움직임은 이웃 원자 자석과 상관이 없다.

온도가 임계점에 가까울 때는 원자 자석이 완전히 질서 잡힌 형태도 아니고 완전히 마구잡이도 아닌 방식으로 움직인다. 이때는 어느 한 원자 자석의 움직임이 이웃에 큰 영향을 미칠 수 있다. 이는 원자 자석의 자기장이 더 강해지거나 더 멀리 뻗어서가 아니라 원자 자석의 행동이 집단성을 띠기 때문이다.

인간사회에서도 평시에는 기존 체계가 잘 변하지 않는다. 소요가 발생한다 해도 그 영향이 전체로 퍼져나가지 않고 바로 가라앉는다. 그러나 사회적 불합리에 대해 긴장과 불만족이 임계 가까이에 도달하면, 작은 소요가 사태로 발전되어 사회 변혁이 일어난다. 임계상태를 훨씬 넘게 되면 사회 구성원 간의 연대감이 낮아져, 개인은 마구잡이로 자신의 생존만을 추구해 공동체가 붕괴한다.

임계상태에서는 질서와 무질서 또는 과거 질서와 미래 질서가 서로 다툰다. 이때는 개별적인 활동보다는 요소 간의 상호작용이 지배적이다. 구성 요소들끼리의 상호작용이 부분 자체보다 더 중요해서 부분의 합이 전체보다 커지게 된다. 부분만을 봤을 때 전혀 알 수 없었던 결과가 격변의 형태로 일어난다.

대기 현상은 원인에 따라 작용하는 크기와 에너지가 다르고, 이를 기술하는 방식이 달라진다. 지진은 한 가지 원인으로 발생하므로 대기 현상보다 단순하게 기술된다. 하지만 지진은 대기와는 달리 예측하지 못한다.

지진과 대기의 움직임은 결정론적이다. 결정론적이라는 말은 시스템의 움직임을 방정식으로 나타낼 수 있다는 뜻이다. 모든 요소를 예측할 수 있다. 대기 운동은 방정식으로 나타낼 수 있고 초기조건과 경계조건을 정할 수 있으므로 예측할 수 있다.

지진의 경우, 현재의 관측 기술로는 보이지 않는 땅속의 모든 요소에 대해 개개의 성질과 움직임을 측정하지 못한다. 즉, 지진은 초기조건과 경계조건이 정해지지 않는다. 설사 두 조건을 안다 해도 지진은 임계상태에서 일어나므로, 땅속 요소가 얽혀 있는 전체가 어떻게 거동할지 예측하지 못한다.

언제, 어디서, 어떤 크기로 지진이 발생하는지를 예측하지 못한다면, 지진 과학은 재해 대응이라는 측면에서 어떤 가치가 있는가? 지진은 무작위로 아무 곳에나 발생하지는 않는다. 지진이 발생한 곳에는 내부 에너지가 밖으로 뿜어져 나올 수 있는 단층이 있다. 단층 위치는 지진이 일어나기 쉬운 곳이 어디인지를 알려준다. 그리고 단층 크기는 발생 가능성이 있는 강도를 알려준다. 이를 통해 해당 지점에서 시설물이 지진에 얼마나 취약한지를 알 수 있다. 건물의 취약함에 따라 내진 설계를 고려해야 한다.

2017년 경주와 포항에서 규모 5 이상의 지진이 발생해 수많은 사람을 놀라게 했다. 일본에서는 매년 규모 5 이상의 지진이 수십 번 발생한다. 하지만 규모 7 이상의 극단적인 경우가 아니면 사회적으로 큰 충격을 받지 않는다. 이는 지진 예측을 잘해서가 아니라 피해 대비를 잘했기 때문이다. 오늘날 고도 기술 사회에서 자연재해는 자연적인 현상일 뿐 아니라 사회적인 현상이기도 하다. 재해는 혼돈과 피해를 일으킬 뿐 아니라, 이에 대응하는 사회시스템의 수준을 드러내기도 한다.

자연재해에 대한 예측 불확실성은 우리를 불안하게 하지만, 동시에 미리 대비하고 위기에 더욱 신중하게 만들어 그만큼 위험을 감소시킨다. 결국 우리의 실력은 확실한 상황에서가 아니라 불확실한 상황에서 드러난다.

나오는 말

국가과학기술의 연구개발은 어떠해야 하는가?*

지난 30년 동안 국립기상과학원에서 기상재해와 기후변화에 관한 연구를 했습니다. 과학원에서 일을 배우고, 스스로 일을 만들어가고, 그 일이 동료의 일과 연계되어 보다 큰 시스템으로 만들어지는 게 재미있었습니다. 또한 그 일이 우리나라 기상재해와 기후변화에 대응하는 한 축을 담당하여 뿌듯했습니다.

하지만 세월이 지나서 저는 연구 관리를 하게 되었습니다. 이때부터는 하루하루 일을 겨우 해낼 뿐이었습니다. 제 능력으로는 가치를 넓히는 것이 불가능했고, 그 불가능을 포기할 수 없어 항상 기갈 상태였습니다. 저의 자리는 동료를 지키기 위해 있는 자리였습니다. 그러나 동료의 자존을 지켜줄 수도 없었습니다. 포기해야 하는 절망을 감당할 자신이 없어 그저 버티고 지켜보았습니다. 그러나 이것만으로는 과학원에 더 있어야 할 이유를 스스로 답할 수 없었습

* 이 글은 저자가 국립기상과학원을 나오면서 SNS에 게재한 것이다.

니다.

언제나 그렇듯 지나고 나서야 지켜내야 했을 가치를 확실히 깨닫고 스스로 부끄러워 합니다. 과학원에서 일하던 시절 중요한 가치를 전혀 의식하지 못했던 것은 아니었지만, 현실이라는 여러 이유로 지켜내지 못했습니다. 지나온 날들을 되짚으며 국가과학기술의 연구개발이 어떠해야 하는지를 생각해보았습니다.

1. 과학기술 정책

우리나라는 과학기술을, 집권한 정부가 표방하는 '녹색성장', '창조경제', '4차 산업혁명'과 같은, 경제 발전 목표를 달성하기 위한 수단으로 보는 경향이 큽니다.

이번 문재인 정부도 '제4차 과학기술 기본 계획(2018-2022)'에서 현재 드러나는 국가적 문제를 과학기술을 통해 해결하겠다는 방향을 제시했습니다. 그러나 큰 방향에서는 이전 정부와 뚜렷한 차이를 찾을 수 없습니다. 그리고 기본 계획의 4대 전략 중 하나인 '과학기술로 모두가 행복한 삶 구현'은 국립연구기관이 주도해야 하는 분야이지만, 항상 그러하듯 그 역할을 주도할 기회도 주어지지 않았습니다.

우리나라 과학기술 정책은 1960년대부터 본격적으로 시작되었습니다. 당시 과학기술은 산업기술을 확보하기 위한 수단이었고,

이 정책을 관료가 주도하는 틀이 만들어졌습니다. 이 틀은 '그때' 그대로 60년을 넘었습니다. 그러나 '지금'은 '그때'가 아닙니다.

> 과학이 독단적이라는 말을 들어본 적 있는가? 지난 50년 동안 완전히 뒤바뀌지 않은 과학 분야는 존재하지 않는다. 이 세상을 과학이 채우고 있는 것은 과학이 새로운 생각을 용납하고 유연하게 대처하며 무한히 개방적이기 때문이다. 진리와 민주적 방법보다 더 중요한 것은 없다는 과학의 믿음, 그것이 과학의 힘이었다.

제이콥 브로노우스키Jacob Bronowski는 1978년에 쓴 『과학과 인간의 미래』라는 책에서 이렇게 주장했습니다.

그동안 모든 과학이 뒤바뀌었는데도, 우리의 과학기술 정책은 겉모습이 세련되어졌을지언정 그 틀은 60년이 넘도록 변하지 않았습니다. 이제 이 틀을 바꾸어야 할 시점입니다. 과학은 목적 달성을 위한 수단이 아니라 이 세계에 대한 합리적 사유를 통해 발전해왔습니다. 결과가 아니라 태도가 과학의 본질입니다. 그렇다면 바람직한 국가과학기술 체계란 무엇이며 국립연구기관은 어떠해야 할까요? 문제는 항상 '무엇'이 아니라 '어떻게'입니다.

대한민국 헌법에서 국가는 재해를 예방하고, 그 위험으로부터 국민을 보호해야 하며, 환경 보존을 위해 노력해야 한다고 선언하고 있습니다. 이 국가 목표를 달성하기 위해서는 이에 걸맞은 종합적인 기술 시스템을 개발하고 운영해야 합니다. 국가 문제를 해결하기 위한 대부분 과학기술은 연구자 개인의 수준이 아니라 종합적인 시스템의 차원에서 이루어지기 때문입니다.

특히 자연재해와 기후환경 분야의 업무 역량은 기술개발 수준에서 결판납니다. 그러므로 과학기술은 국가 과제를 해결할 수단을 넘어 핵심이 되어야 합니다. 과학기술의 깊이가 깊을수록 창의적이고 유연한 적용이 가능하여 새롭고 다양한 정책을 펼칠 수 있었습니다. 과학기술이 핵심이 아니라면, 정책은 구호를 내걸었으되 그것을 추진할 수단도 역량도 가질 수 없습니다. 기술개발 없이는 새로운 세계를 열 수 없기 때문입니다.

하지만 우리나라 과학기술의 정책 결정과 연구개발은 관료적 위계 체계에서 이루어집니다. 위계 체계는 상부에서 모든 정답을 알고 있다는 전제에서 운영됩니다. 하부에 놓여 있는 과학기술은 정책을 실현하기 위한 수단으로 취급됩니다. 그러나 과학기술 정책 관료가 기술의 수준과 연계를 판단할 수 있는 능력을 갖추고 있지 못할 수 있습니다. 그러다 보니 정책은 연구자에게 지시를 내리고 연구자를 관리하는 수준에 머물러 있는 경우가 많습니다. 실제와는 동떨어진 수사와 개별 사업을 모으고 조정하는 것으로 정책 기능을 대신할 가능성이 커지는 것입니다.

이러다 보니 연구개발을 위한 정책이 아니라 정책을 위한 연구개발을 추진하게 됩니다. 그 예로 공무원 스스로 기획 보고서를 만들지도 않는 경우도 많습니다. 정부 기획 보고서를 보기 좋게 만들어주고, 이를 공무원이 멋있게 발표하도록 파워포인트까지 만들어주는 회사들이 성업 중입니다. 그러나 이른바 선진국에서 이런 식으로 국가 전략을 수립하는 경우를 저는 알지 못합니다.

과학기술정책연구원STEPI 홍성주 박사가 지적했듯이 정부의 정책과 투자, 연구개발 기획, 연구개발 수행과 성과까지 연구개발 과정의 모든 주기에서 권한과 책임이 수직 라인을 따라 분산됩니다. 위계 체계에서는 여러 단계를 거치기 때문에 의사결정에 대한 권한과 책임이 불분명합니다. 이 때문에 사업이 성공하면 숟가락을 들고 나타날 사람은 많지만, 실패하면 책임져야 할 사람은 분명하지 않거나 없습니다.

정책결정자에게 권한은 몰아주고 책임질 사람이 없는 구조입니다. 그러니 정책결정자는 그 분야를 잘 몰라도 겉포장이 화려한 사기성이 짙은 과제에 주저 없이 뛰어들 수 있습니다. 급기야 정책결정자의 실적을 위해 국가 과제를 도박에 맡기는 꼴이 됩니다.

또한 관료적 위계 체계는 특성상 수평적인 대화와 협력이 필수적인 연구개발 조직을 하부 구조로 취급합니다. 이는 과학기술을 억압하는 방향으로 작용해 연구개발 조직을 침체시킵니다. 실질적인 가치 창출은 위계를 따지지 않는 조직과 과학기술에 높은 가치를 두는 조직 문화에서 이루어낼 수 있습니다. 주체가 아닌 종속 기능을 위해 온 힘을 기울일 연구자가 있을까요? 우리는 왜 존재하는가에 대해 본질적인 질문을 던지면서 절대 가치를 추구해야 연구에 몰입할 수 있고 이를 통해 성과를 올릴 수 있습니다.

국가 기술 시스템을 만들어본 사람은 압니다. 한 줄 공식으로 깔끔하게 정리되는 과학 법칙과는 달리 기술은 끝없는 시행착오, 실패의 연속, 의미 없어 보이는 단순 작업의 반복을 통해서만 겨우 조금씩 실질적인 가치를 쌓아 올릴 수 있습니다. 열역학 원리는 후진국에서도 알 수 있지만, 자동차 엔진은 아무 나라나 만들지 못하는 것과 같습니다. 시스템적인 속성을 가진 국가과학기술 혁신은 통합, 연결, 누적이 본질적인 특징입니다. 그러므로 국가 연구개발은 통합된 틀에서 과학기술 성과를 서로 연결하여 누적해가는 과정입니다.

정권이 바뀔 때마다, 기관장이 바뀔 때마다 혁신을 주문합니다. 그러나 단박에 무언가를 해결할 수 있는 비책은 없습니다. 그렇지 않았으면 모든 문제가 이미 해결되었을 겁니다. 연구기관의 자체 시스템으로 결정한 전략이 아니기에 통합, 연결, 누적으로 겨우 이루어놓은 시스템이 파괴되는 경우도 있습니다. 실패를 통해 배우는 것도 없이, 항상 고만고만한 새로운 주제에 허덕이는 상황에 빠지는 것입니다. 뭔가 요란스럽게 뛰어다니지만, 항상 제자리를 맴돌 뿐입니다. 결과가 축적되지 않으면 다음 단계의 혁신은 불가능합니다.

2. 국립연구기관

국립연구기관은 민간 부문에서 담당하기 어려운 공공복리 증진과 국가행정 목표의 구현에 필요한 기상·기후, 방재, 보건, 환경, 농업, 수산, 산림, 축산 등의 연구개발을 수행합니다. 이 분야는 국가의 기본적인 임무인 시민의 안전, 건강과 생존을 담당하며 그 사회적 파급력과 불확실성이 점차 커짐에 따라 역할도 중요해지고 있습니다.

국립연구기관은 각 부처에 소속되어 관료에 의해 지배를 받으므로 국가과학기술 체계에서는 그 존재가 드러나지 않습니다. 우리나라 과학기술 정책은 연구개발 경험이 없는 관료가 주도합니다. 과거 우리 사회가 농업사회에서 산업사회로 넘어갈 때, 즉 정부가 빠르게 과제를 해결해야 하던 시절에 유효한 체계를 4차 산업혁명을 부르짖는 지금도 유지하고 있는 것입니다.

오늘날 과학기술로 해결해야 할 국가적 문제는 복합적이므로 개별 과학기술로는 대부분 해결할 수 없습니다. 전문성이 낮으면 아무리 모으고 연결하더라도 수준 자체가 떨어집니다. 다시 말해 관료가 주도할 일이 아닙니다.

행정기구이자 연구조직의 성격을 동시에 지닌 기관의 경우에는 그 핵심 조직을 연구개발에 둘 필요가 있습니다. STEPI의 홍성주 박사는 실력 기반의 연구 조직이 갖는 문화적 특수성을 존중하는 것이 관료 통제에 두는 것보다 과학기술 성과의 우수성을 더 높일 방안이라고 주장했습니다. 이미 영국 기상청, 미국 국립보건원NIH과 국립항공우주국NASA 등은 이러한 체계를 갖추고 있습니다.

연구개발에서는 사람이 가장 중요합니다. 연구 수준은 인력 수준이 결정하기 때문입니다. 즉, 연구개발의 수준이 국가적 문제 해결의 수준을 결정합니다. 이 때문에 다른 선진국 기상청도 우수 인력 확보에 집중하고 있습니다.

우리나라 국립연구기관이 연구원을 채용할 때는 우수한 사람을 뽑지 못하도록 하는 규정으로 운영됩니다. 연구관과 연구사를 채용하는 경우, 객관성을 유지한다는 명목으로 사전 섭외가 불법이고, 연구기관 자체에서 채용을 목적으로 발표와 토론을 할 수도 없고, 채용 심사위원을 외부인으로만 구성합니다. 함께 연구할 사람을 사전에 평가할 수 없게 하는 나라는 우리나라가 유일합니다. 계약직 연구원도 최고 수준의 인력을 채용하기 어렵습니다. 연구비가 있다 해도 연구원 숫자와 인건비를 통제받습니다. 계약직 박사인 경우는 공무원인 연구관, 석사인 경우는 연구사 수준으로 인건비가 정해져 있습니다. 이는 출연 연구소와 비교했을 때 매우 적은 인건비입니다. 국립연구기관은 최고 수준의 연구인력을 유인할 수 없습니다.

국립기관 연구개발이 투자한 만큼의 성과를 거두지 못하는 가장 근본적인 이유는 '사람'을 생각하지 않기 때문입니다. 부족한 것은 연구비가 아니라 창의적인 인재들입니다. 인재를 채용하고 인재의 능력을 최대한 발휘할 수 있는 연구 지원을 목표로 한다면 성과는 저절로 따라올 것입니다. 과학기술 정책이란 연구하는 사람을 지원하는 것이라는 상식을 회복해야 합니다. 연구자에게 최고 수준의 연구 여건을 만들어주는 것이 성과와 비용 면에서 가장 효율적인 정책입니다.

국가적 문제를 해결하기 위한 연구개발의 성과는, 연구비와 인력 규모보다는 시스템을 설계하고 구축하는 역량과 이를 달성하게 하는 인력 수준에 의해 결정됩니다. 새로운 가치를 만드는 사람을 존중해야 합니다. 그래야 국가 종합 기술 시스템 전체를 장악할 수 있는 과학기술 전문가를 길러낼 수 있습니다. 그리고 그들이 새로운 세계를 열 것입니다.

현재 국가 연구개발은 경쟁 원리 아래에서 획일적인 지표로 평가됩니다. 이를 위해 책임운영기관으로 여러 국립연구기관을 지정했습니다. 책임운영기관은 정부 기관 중 공공성을 유지하면서도 경쟁 원리에 따라 운영하는 것이 바람직하거나, 성과 관리를 강화할 필요가 있어 별도로 지정했습니다. 유독 국립연구기관이 다른 국가기관과 달리, 경쟁 원리로 운영해야 하며 성과 관리를 강화할 필요가 있는지 의문입니다.

책임운영기관은 일반 행정기관보다 조직·정원 관리, 인사 관리, 예산 집행 등에 자율성이 보장되어 정책 여건과 상황 변화에 따라 기관을 효율적으로 운영할 수 있는 장점이 있다고 합니다. 그러나 이것은 현실과는 동떨어진 법률 조항일 뿐입니다. 국립연구기관은 본부에 소속된 기관으로 인사와 예산에서 독립적일 수 없는 구조에 놓여 있습니다. 이 제도를 처음 시행한 영국의 경우, 인사와 예산이 독립된 '청'이 책임 기관입니다.

각 국립연구기관의 성과 순위 산정을 행정 관련 학회에 맡겨 놓으니, 과학기술의 내재적 역량은 무시되고 행정 프로세스와 드러난 성과만 평가됩니다. 이런 상태이다 보니 성과 지표를 관리하고 성과를 포장하는 요령만을 키울 뿐입니다.

예를 들어 언론에 연구기관 성과가 소개될 때, 연구기관 이름 앞에 '책임운영기관'이 포함되어야 제대로 된 홍보 실적으로 평가받습니다. 연구 성과가 언론에 소개될 때마다 기자 또는 PD에게 책임운영기관을 언급해달라고 부탁해야 합니다.

책임기관 성과 발표회에서는 최우수 과제를 선정하는 경연이 열립니다. 질의응답도 토론도 없습니다. 유치원 학예회 수준의 요란스러운 발표만으로 책임기관 최우수 과제가 선정됩니다. 평가를 이 모양으로 하니 정부가 해야만 하는 가치 있는 일이 아니라, 성과 평가에서 뭔가를 보일 수 있는 과제에 집중하게 됩니다.

러시아제 구형 로켓에 태극기를 그려놓고 쏘아 올리는 모습을 애국가 배경화면으로 보여줍니다. 이때 우리는 가슴에 손을 얹고 기립해야 합니다. 이 어처구니없는 모습이 우리나라 과학기술 성과를 보여주는 대표적인 사례라고 생각합니다. 러시아제 로켓을 쏘아 올린 게 문제가 아니라, 러시아제 로켓 앞에 우리를 기립하게 만드는 국가과학기술 성과의 수준이 문제인 것입니다.

김동춘 성공회대학교 교수는 정부 성과 평가에 관해 "평가권력, 평가국가"라는 제목의《한겨레》칼럼에서 다음과 같이 주장했습니다.

> 한국은 관료적 형식주의와 신자유주의적 효율성의 논리가 완벽하게 결합하여 성과 평가의 큰 칼이 모든 학교, 정부, 공기업의 문화를 지배하는 '평가국가'가 되었다. … 평가 절차가 빈번하고 평가 방식이 더 정교해질수록 평가자, 즉 관료의 권력은 더 커지고, 평가받는 쪽은 더 무력화되며, 그들의 온 삶은 피폐해진다. … 평가 만능주의는 구시대의 자의적 권력 행사보다 진일보한 것처럼 보이나, 그것은 '합리'의 이름으로 '비합리'를 은폐할 수 있다. '기회의 평등' 없이 '과정의 공정'은 허구적인 것이다. … 한국 사회의 비극은 정작 평가받아야 할 집단, 세력, 세대는 평가의 무풍지대에 있고, 평가와 무관하게 꿈과 실력을 키워야 할 사람들은 매일 지독한 평가의 칼날 위에 있다는 점이다

연구개발 분야에서 가치 있는 대부분 일은 정량화하기 어렵습니다. 또한 어느 조직에서도 정량화된 평가를 안 해도 누가 가치 있는 일을 열심히 하는지는 대부분의 사람이 압니다. 하지만 성과 평

가에서는 숫자로 표현할 수 없는 성과는 설 자리를 잃습니다. 미리 설정된 지표 달성에 집중하기 때문에 근원적이고 긴 호흡을 해야 하는 탐구를 무시하고 무가치한 것으로 여기는 가치관과 태도가 팽배해집니다. 연구자의 호기심과 상상력은 저평가되고, 당장 소용이 없어 보이는 주제는 설 자리를 찾기 어렵습니다.

연구개발에 투지와 창의력을 발휘하여 나아가는 데는 당근도 채찍도 효과가 없습니다. 당근을 원해서, 아니면 채찍이 두려워서 일하는 게 아닙니다. 그저 자신이 그렇게 하기를 원하기 때문입니다. 그렇게 일할 수 있는 환경을 만들어주면 됩니다.

성과는 우리가 일함으로써 얻게 되는 결과이지, 목적이 될 수 없습니다. 성과가 국가 연구개발의 목적이라면, 우린 이유도 모른 채 결과를 만드는 조직폭력배와 다를 게 없습니다. 책임운영기관의 성과 평가는 실질적 가치 창출과는 상관없이 이에 대응하기 위해 인력과 세금을 투입해야만 하는 제도입니다. 제대로 바꿀 수 없다면 당장 없애야 할 제도입니다.

국립연구기관은 국가적 문제 해결을 위한 과학기술의 전위로서 임무를 수행해야 합니다. 이것이 구호와 바람을 넘어 실질적인 변화의 힘으로 작용할 수 있으려면 민주적이고 개방적이어야 합니다. 끝없이 새로운 세계를 열어나가는 과학 정신을 수용하지 않는 것은 미래를 포기하는 일입니다. 미래는 주어지는 게 아니라 만들어 가는 것이기 때문입니다.

3. 국립기상과학원

제가 떠날 때 국립기상과학원은 기상청 전체 연구개발비 중 약 10퍼센트만을 사용하고 있었습니다. 본청에서도 연구개발을 외부 용역으로 수행합니다. 대부분의 과제의 목적은 국립기상과학원과 마찬가지로 국가적 문제를 해결하기 위한 것입니다.

국립기상과학원이 구축한 시스템은 항시 운영됩니다. 별일 없는 듯 돌아가는 이 시스템이 멈추면 기상청의 주요 업무가 탈이 나거나 멈출 것입니다. 과학원 스스로 개발하고 구축한 이 시스템은 기상청의 일상 업무가 되었기 때문입니다. 반면 본청에서 연구개발을 외부 용역으로 하지 않는다 해도, 기상청 업무는 불편한 수준에서라도 수행할 수 있을 겁니다.

국립기상과학원은 국가 기술 역량을 담보하는 시스템 차원의 기술을 지속적이고 전략적으로 연구·개발해왔습니다. 자연재해와 기후환경에 대응하는 국가적 문제를 해결하기 위한 종합시스템은 외부 용역의 대상이 되지 않습니다. 문제 발생 시 신속히 대응하고 개선하기 위해서는, 시스템 전체를 장악할 수 있는 자체 기술력을 갖추고 있어야 하기 때문입니다. 그러므로 외부 용역은 국가 종합시스템을 보완하고 그것과 호환될 수 있는 틈새 기술 정도만 가능합니다. 대문으로 들어오는 것이 가보가 될 수 없는 것과 같은 이치입니다.

이른바 선진국의 국립연구기관은 내부 역량을 키우는 데 집중

합니다. 영국 기상청은 그 핵심부에 관료 체계가 아니라 과학이 차지하고 있습니다. 과학이 중심이고 내재화된 체계에서 세계 최고 수준의 연구 인력이 전체 기술 시스템을 개발해 운영합니다. 이를 통해 현업 운영에서 미국을 능가하는 세계 최고 수준에 도달했습니다. 여기에 더해 영국 기상청의 지구과학 분야 연구 능력은 세계 유수의 대학과 연구기관을 제치고 최고 수준입니다.

반면 우리 조직에서는 과학이 중심이 아니라 수단입니다. 위계의 가장 말단에서 연구개발이 본청 내부, 과학원, 산하기관, 사업단과 위탁 기관으로 분산되어 수행됩니다. 아무것도 없었던 개발 시대에나 유효했던 기관 설립에 몰두합니다. 여기저기 연구개발 조직을 만드는 게 정책인가 봅니다. 뭔가 일한 것처럼 보이게 하는 데는 효과적입니다.

이렇게 되면 전체 연구개발을 체계화하는 것이 불가능하고, 연구 인력이 분산되고, 연구 중복성이 불가피한 상황에 놓이게 됩니다. 이 체계를 허물지 않는 한 앞으로도 비효율과 혼란에서 벗어나지 못할 겁니다. 이 자연스럽지 않음의 자연스러움에서 벗어나야 합니다.

국립기상과학원이 정책결정자가 바뀌기만 하면 오락가락하는 본청에 힘을 보태주는 존재에 만족할 수 없습니다. 지금은 국립기상과학원이 주변부이지만 언젠가 중심부에 있게 될 겁니다. 저는 이것만이 기상청을 살리는 유일한 길이라 믿고 있습니다. 과학이 중심에서지 않으면 기상청의 그 어떤 문제도 해결하지 못하기 때문입니다.

이것을 이상이라고 치부하면, 현실의 모든 제약이 '지금 이곳'을 어찌할 수 없는 불가피한 곳으로 전락시킬 것입니다. 이런 현실에서는 가치를 만들 수 없다는 걸 잘 알기에 우리 스스로 냉소로 상황을 견디게 됩니다. 이렇게 내버려둘 수는 없습니다. 우리에게 현실은 벽이 아니라 극복의 대상이어야 합니다. 이러한 믿음이 우리 모두를 살리게 될 겁니다.

참고문헌

1장

Hansen, J.E., and Mki.Sato, "Paleoclimate implications for human-made climate change", In *ClimateChange:Inferences from Paleoclimate and Regional Aspects*. Springer, (2011): 21-47

Arctic Council, *Impactsof a Warming Climate:Arctic Climate Impact Assessment*, Cambridge U. Press, Cambridge, 2004.

2장

기상청,「한반도 기후변화 전망보고서」, 2012, 발간번호11-1260000-000861-01

국립기상과학원,「한반도 100년의 기후변화」, 2018, 발간등록번호 11-1360620-000132-01

부경온, 심성보, 김지은, 변영화, 조천호, *Journal of Climate Change Research 2016*, Vol. 7, No. 4, (2016): 421-426 DOI:http://dx.doi.org/10.15531/KSCCR.2016.7.4.421

IPCC, "Managing the Risks of Extreme Events and Disasters to Advance Climate Change Adaptation", (2012)

IPCC, *Climate Change 2013 The Physical Science Basis. Working Group I Contribution to the Fifth Assessment Report of the Intergovernmental Panel on Climate Change*. Cambridge University Press, (2013): 1535 pp.

Wei Mei and Shang-Ping Xie, "Intensification of landfalling typhoons over the northwest Pacific since the late 1970s", *Nature Geoscience* volume 9, (2016): 753-757

3장

홍일표 외, 『국제 가상 물 교역과 수자원 정책 전망 연구』, 국토해양부, (2009): 143pp

Asia Research and Engagement, "Climate Costs for Asia Pacific Ports, HSBC", (2018): 24 pp

IPCC, *Climate Change 2014: Impacts, Adaptation, and Vulnerability. Part A: Global and Sectoral Aspects. Contribution of Working Group II to the Fifth Assessment Report of the Intergovernmental Panel on Climate Change*, Cambridge University Press, (2014): 1132 pp.

IPCC, Summary for Policymakers. *Special Report: Global Warming 1.5 ℃,* (2018): 3–26, ISBN 978-92-9169-151-7

John Feffer, "Mother Earth's Triple Whammy. North Korea as a Global Crisis Canary", (2008), https://apjjf.org/-John-Feffer/2785/article.html

Marshall Burke, W. Matthew Davis, Noah S. "Diffenbaugh, Large potential reduction in economic damages under UN mitigation targets", *Nature* volume 557, (2018): 549–553

Steffen et al., "Planetary Boundaries: Guiding human development on a changing planet", *Science* Vol. 347 no. 6223, (2015)

Will Steffen, Johan Rockström, Katherine Richardson, Timothy M. Lenton, Carl Folke, Diana Liverman, Colin P. Summerhayes, Anthony D. Barnosky, Sarah E. Cornell, Michel Crucifix, Jonathan F. Donges, Ingo Fetzer, Steven J. Lade, Marten Scheffer, Ricarda Winkelmann, and Hans Joachim Schellnhuber, "Trajectories of the Earth System in the Anthropocene", PNAS 115 (33) (2018): 8252-8259 https://doi.org/10.1073/pnas.1810141115

WWAP(United Nations World Water Assessment Programme), *The United Nations World Water Development Report 2015: Water for a Sustainable World*. Paris, UNESCO (2015)

4장

김영욱, 이현승, 장유진, 이혜진, 「언론은 미세먼지 위험을 어떻게 구성하는가?」, 한국언론학회 제59권 2호, 2015.4, (2015): 121-154

정해식, 「사회통합 실태 진단 및 대응 방안 연구(IV) - 사회문제와 사회통합, 연구보고서」, 한국보건사회연구원, 2017-52, (2017)

Amir Givati and Daniel Rosenfeld, Separation between Cloud-Seeding andAir-Pollution Effects, *Journal of Applied Meteorology*, Vol. 44, No. 9, (2005)

National Research Council, *Critical Issues in Weather Modification Research*. Committee on the Status and Future Directions in U.S Weather Modification Research and Operations; Board on Atmospheric Sciences and Climate; Division on Earth and Life Studies, (2003), doi:10.17226/10829. ISBN 978-0-309-09053-7.

Youngsin Chun, Hi-Ku Cho, et al., "Historical Records of Asian Dust Events (Hwangsa) in Korea", *Bulletin of the American Meteorological Society*, (2008): 823-827

Qiang Zhang, Xujia Jiang, Dan Tong, et al., "Transboundary health impacts of transported global air pollution and international trade", *Nature*, (2017), VOL 543, doi:10.1038/nature21712

Xinyuan Feng, Shigong Wang, "Influence of different weather events on concentrations of particulate matter with different sizes in Lanzhou, China", *Journal of Environmental Science*, Volume 24, (2012): 665-674, DOI:10.1016/S1001-0742(11)60807-3

5장

김도우, 정재학, 김진영, 「폭염정보 수집연계를 통한 폭염위험지도 작성 및 활용방안」, 국립재난안전연구원 (2014): 발간등록번호 11-1750140-000041-01

FAO, "How to Feed the World in 2050", High Level Expert Forum, (2009): 35pp

FAO, "SPECIAL REPORT FAO/WFP CROP AND FOOD SECURITY ASSESSMENT MISSION TO THE DEMOCRATIC PEOPLE'S REPUBLIC OF KOREA", (2011), http://www.fao.org/docrep/014/al982e/al982e00.htm

Glenn Althor, James E. M. Watson & Richard A. Fuller, "Global mismatch between greenhouse gas emissions and the burden of climate change", *Nature*, Scientific Reports volume 6, Article number: 20281, (2016)

Hallegatte, Stephane, and Julie Rozenberg. "Climate change through a poverty lens", *Nature Climate Change* volume 7, (2017): 250 – 256

Kurt M. Campbell, Jay Gulledge, st al., *The age of consequence: The Foreign Policy and National Security Implications of Global Climate Change*, Center for Strategic & International Studies, (2007): 119pp.

Kim J, Shin J, Lim Y-H, Honda Y, Hashizume M, Guo YL, Kan H, Yi S and Kim H., "Comprehensive approach to understand the association between diurnal temperature range and mortality in East Asia", *Science of The Total Environment*, 539: (2016): 313-321.

Laura Geggel, "During a Hurricane, What Happens Underwater?", *Livescience*, (2017) https://www.livescience.com/authors/?name=Laura%20Geggel

Peter Schwartz and Doug Randall, "An Abrupt Climate Change Scenario and Its Implications for United States National Security", (2003): 22pp

Tim Herzog, Jonathan Pershing and Kevin A. Baumert, *Navigating the Numbers: Greenhouse Gas Data and International Climate Policy*, World Research Institute, (2005): 122pp

World Energy Council, *World Energy Trilemma Index,* (2017), https://www.worldenergy.org/wp-content/uploads/2017/11/Energy_Trilemma_Index_2017_Full_report_WEB2.pdf

World Resources Institute, *Navigating the Numbers Greenhouse Gas Data and International Climate Policy*, (2005), http://pdf.wri.org/navigating_numbers.pdf

6장

Edward N. Lorenz, "Deterministic Nonperiodic Flow", *Journal of the Atmospheric Sciences*, 20 (1963):130-141.

Met Office, *Met Office Science Strategy:2016-2021, Delivering science with impact*, (2015)

빨간 지구에서
파란 하늘을
꿈꾸다